U0243513

话说中国海洋生态保护

田华 辛蕾 编著

SPM

南方出版传媒

广东经济出版社

·广州·

图书在版编目（CIP）数据

话说中国海洋生态保护／田华，辛蕾编著. —广州：广东经济出版社，2014.10

（话说中国海洋资源系列）

ISBN 978 - 7 - 5454 - 3523 - 8

Ⅰ.①话… Ⅱ.①田…②辛… Ⅲ.①海洋生态学 - 中国 - 通俗读物 Ⅳ.①Q178.53—49

中国版本图书馆 CIP 数据核字（2014）第 162154 号

出版 发行	广东经济出版社（广州市环市东路水荫路 11 号 11～12 楼）
经销	全国新华书店
印刷	广州市岭美彩印有限公司
	（广州市荔湾区芳村花地大道南，海南工商贸易区 A 幢）
开本	730 毫米×1020 毫米　1/16
印张	14.5　2 插页
字数	220 000 字
版次	2014 年 10 月第 1 版
印次	2014 年 10 月第 1 次
印数	1～5 000 册
书号	ISBN 978 - 7 - 5454 - 3523 - 8
定价	48.00 元

如发现印装质量问题，影响阅读，请与承印厂联系调换。

发行部地址：广州市环市东路水荫路 11 号 11 楼

电话：（020）38306055　38306107　邮政编码：510075

邮购地址：广州市环市东路水荫路 11 号 11 楼

电话：（020）37601950　营销网址：http://www.gebook.com

广东经济出版社新浪官方微博：http://e.weibo.com/gebook

广东经济出版社常年法律顾问：何剑桥律师

总序

林 雄

　　自古以来，在华夏文明的辞典中，就不乏"海国"一词。华夏民族，并不从一开始就是闭关锁国的，而是有着大海一般宽阔的胸怀。正是大海，一直激发着我们这个有着五千年历史的文明古国的想象力和创造力。一部中国海洋文化的历史是波澜壮阔的历史，让后人壮怀激烈，意气风发。

　　金轮乍涌三更日，宝气遥腾百粤山。

　　影聚帆樯通累译，祥开海国放欢颜。

　　古人寥寥几行诗，便把广东遍被海洋文明之华泽，充分地展现了出来。两千多年的海上丝绸之路，就是从广东起锚，不仅令广东无负"天之南库"之盛名，更留下千古传诵的"合浦珠还"等众多的神话传说。而指南针的发明，造船业的兴盛，尤其是航海牵星术，更令中国之为海国，赢得了全世界的声望。唐代广州的"通海夷道"、南汉的"笼海得法"、宋代的市舶司制度，充分显示了我们作为海洋大国的强势地位。明代郑和七下西洋，更创造了古代对外贸易、和平外交的出色典范。尽管自元代开始，有了禁海的反复，但明清"十三行"在推动开海贸易上功不可没，并带来了大航海时代先进的人文与科学思潮，也为中国近代革命作出长期的铺垫，成为两千多年海上丝绸之路上的华彩乐段。新中国的广交会，可以说是"十三行"的延续，为打破列强的海上封锁，更为今日走向全面的对外开放，功高至伟。改革开放之初，以粤商为主体的国际华商，成为中国来自海外投资最早的，也是最大的份额。这也证实了中国民主革命的先驱孙中山先生所说的，国力强弱在海不在陆。海权优胜，则国力优胜。他的海洋实力计划，更在《建国方略》中一一加以了阐述。进入21世纪，中国制定了《全国海洋经济发展规划纲要》，提出了要把我国建设成为海洋强国的宏伟目标。海洋强则国家强，海业兴则民族兴。曾经有着辉煌的海洋文明的中国历史和现实充分印证了这一点。

正是在这个意义上，国家的强盛，历史之进步，无不与海洋相关。今日改革开放之所以取得如此巨大的成功，包含了当日海洋文化传统得以发扬光大的成果。在经济腾飞的今天，文化在综合竞争力中的地位已日益突出。而作为华夏文化的重要组成部分之一 —— 海洋文化，更早早显示出其强劲的势头。当我们致力于提高文化的创新力、辐射力、影响力与形象力之际，更应当从海洋文化中吸取取之不竭、用之不尽的活力源泉。

为此，我们出版《话说中国海洋》丛书，给海洋文化建设添加一汪活水，为推动广东乃至全国的海洋经济建设，使我国在更高层次、更宽领域参与国际合作与竞争，发挥一份力量。丛书亦可进一步增强国民的海洋意识，让国民认识海洋，了解海洋，普及海洋知识，激发开发海洋、维护海权的热情。这在当前，是一件很有现实意义的事情。

历经千年不息的海上丝路，来往的何止是数不胜数的宝舶，奔腾而来的更是始终推动世界文明进步的海洋文化。灿烂的东方海洋文化走到今天，当有更辉煌的乐章，从展开部推向高潮部，愈加丰富多彩，愈加激动人心。《话说中国海洋》丛书的出版，当为这一高潮部增色，令高亢、激越的乐曲久久回荡在无边的大海之上，永不止歇！

是为序。

（作者系中共广东省委常委、宣传部部长）

前　言

　　碧蓝的海水，洁白的沙滩，翱翔的海鸥……海洋风光绵延无限，美得令人心醉。然而近50年来，由于全球气候变化和人类活动的影响，全球海平面持续升高，海洋污染日益加剧，导致海洋生态系统平衡失调，海洋生物命运堪忧……曾经以为大海宽广的胸怀可以包容我们所有的错误，以为海洋有无尽的资源可以纵容我们只一味掠取而不必珍惜和保护，殊不知我们所赖以生存的蓝色家园已经变得相当脆弱，在看似风平浪静的海平面下，一场看不见的危机正在发生。大家都听过海浪的声音吗？那并不是大海在歌唱，而是默默地在哭泣……

　　"海"的拆字为"水是人类的母亲"，海洋是地球生命的起源，更是人类发展的生命保障系统，海洋生态系统的健康状态与人类的发展和命运息息相关。我国有漫长的海岸线和辽阔的海域，近年来一股"蓝色经济"热潮正在我国沿海地区不断涌现，这些地区的海洋生态系统正承受着巨大的压力和影响。如何在发展海洋产业的同时保护海洋生态环境，是我国可持续发展中亟待解决的问题。党的十七大首次把建设"生态文明"写入党的报告，要求我们在发展中要正确处理海洋开发与海洋生态文明建设的关系，更多地关注区域海洋生态问题，保证海洋的有序开发，保持海洋的生态和谐；而党的十八大报告更是把"生态文明"建设放在突出地位，提出了生态文明建设、经济建设、政治建设、文化建设、社会建设"五位一体"的总体布局，不仅提出了要"建设海洋强国"，同时也强调要"保护海洋生态环境"。海洋强国之梦是中国梦的重要组成部分。本书的编写旨在引起人们对海洋生态问题的关注，倡导大家团结起来共同守护我们的蓝色家园，助力海洋强国之梦早日实现，用海洋梦托起中国梦。

　　本书第一章首先带领读者领略美丽壮阔的中国海域，进而向读者慢慢揭开海洋美丽背后的沉重负担，第二至第七章分别从赤潮频发、海洋石油污染加剧、红树林退化、珊瑚礁白化、海洋外来物种入侵和蓝色农业发展受限等六个方面，对我国海域渐显端倪并日益加剧的生态问题进行逐一阐述：海洋"红色幽灵"威胁着蓝色宝库的健康，赤潮频发是大海发出的"红色警报"；"黑金"石油在人类的疏忽下成为了污染海洋的"残酷杀手"；过度发展的海水养殖业、野蛮的围海造田、疯狂的城镇化发展和无处不在的环境污染不断蚕食着"鸟类天堂"红树林；全球性的气候异常和破坏性的渔猎与开采，令"白色瘟疫"在"海洋热带雨林"珊瑚礁中肆意蔓延；"地球村"的形成与发展，致使外来物种通过各种途径入侵我国海域；而过度捕捞、海水养殖污染和海产品安全堪忧问题，已成为制约蓝色农业发展的三大顽疾……与陆域相比，海洋生态问题更加复杂，也更难以治理。本书在阐述我国所面临的诸多海洋生态问题的同时，也结合典型实例介绍了一些切实有效的治理措施。

全书由田华副教授、辛蕾老师组织领导编写，其中，本书第一章、第八章由张晓娜博士、田华副教授编写，第二章、第五章由赵飞博士、辛蕾老师编写，第四章、第五章由宫玉峰博士、汝少国教授、田华副教授编写，第六章、第七章由王军博士、辛蕾老师、汝少国教授编写。编者十分感谢本书参考资料中的作者，正是他们的研究成果为本书提供了丰富的素材。由于作者水平有限，书中难免存在谬误之处，恳请读者批评指正。

编　者

2013年10月

于中国海洋大学

第七章　应对蓝色农业之殇 / 171

第八章　团结一致，我们就有能力保护海洋 / 193

第一章◎
海洋生态系统的美丽与危机

　　广阔的海洋，从碧绿到蔚蓝，美丽又壮观，连成一个巨大的生态系统，占地球表面积的71%。海洋中有着独特的海水垂直分层、海水混合、海流、海浪、潮汐、大洋环流等现象，植物、动物、微生物等组合在一起构成了海洋生态系统的生命体系。海洋中的植物绝大部分是微小的浮游植物，也有一些大型藻类；动物种类很多，小到单细胞的原生动物，大到巨型的蓝鲸，都生活在这个蓝色的家园。

第一节　绚丽的中国海域

一、辽阔广大的蓝色国土

我国海域南北跨度约38个纬度，东西跨度约24个经度。渤海、东海、南海、黄海四海相通，组成了我国辽阔广大的蓝色国土，似明镜镶在神州大地的边缘，晶莹闪烁。

1. 半岛环抱的内海——渤海

渤海在辽宁省、河北省、山东省和天津市三省一市之间，三面为陆地所环抱。古时候渤海称之为沧海，又因在北方，也有北海之称。渤海面积较小，约7.7万平方公里，平均水深25米。渤海沿岸水浅，特别是河流注入地方仅几米深；而东部的老铁山水道最深，达到86米。沿岸主要海湾包括北面的辽东湾、西面的渤海湾和南面的莱州湾。沿岸滩涂地势平坦、面积宽广，适宜晒盐。

2. 呈现黄色的边缘海——黄海

黄海因古时黄河水流入，河水携带大量泥沙，使海水透明度变小、呈现黄色而得名。黄海为我国三大边缘海之一，面积约为38万平方公里，平均深度44米，最深处在黄海东南部，约为140米。沿岸主要海湾有西朝鲜湾及我国的海州湾、胶州湾。黄海寒暖流交汇，水产丰富，也拥有平坦开阔的淤泥质海岸。

3. 水产丰富的边缘海——东海

东海北连黄海，东到琉球群岛，西接我国大陆，南临南海，海域面积77万平方公里，平均水深350米左右，最大水深2719米。东海海水透明度较大，海域开阔，海岸线曲折，岛屿星罗棋布。这里分布着我国一半以上的岛屿，是我国岛屿最多的海域。东海是我国海洋生产力最高的海域，拥有我国海洋鱼类的宝库——舟山渔场，盛产大黄鱼、小黄鱼、墨鱼、带鱼等。

4. 最深最大的边缘海——南海

浩瀚的南海，通过巴士海峡、苏禄海和马六甲海峡等，与太平洋和印度洋相连，是我国最深、最大的海域，也是仅次于珊瑚海和阿拉伯海的世界第三大边缘海。面积约356万平方公里，相当于16个广东省那么大。南海平均水深约1212米，最深处达5567米，比西藏高原的高度还要大。因注入南海北部的珠江、红河、湄公河、湄南河等河流的河水含沙量很少，海阔水深的南海总是呈现碧绿或深蓝色。南海盛产海参、金枪鱼、鲨鱼、大龙虾、梭子鱼、墨鱼、鱿鱼等热带名贵水产。

———— 延伸阅读 ————

我国多少海洋国土处于争议中？

按照国际法和《联合国海洋法公约》的有关规定，我国主张的管辖海域面积可达300万平方公里。但事实上，我国却仍面临着激烈的海域划界争端，除渤海属于内海不存在争议之外，其他三个海区都需要按1982年制定的《联合国海洋法公约》与邻国合理划分。那么，我国究竟有多少海洋国土处于争议中呢？

在黄海总面积38万平方公里的海域中，应划归我国管辖的有25万平方公里。然而，在海域划界问题上，韩国主张等距线为界，若按此划分，朝鲜、韩国可多划分到18万平方公里的海区。换句话说，我国与朝、韩两国存在着18万平方公里的争议海区。在东海，我国固有领土钓鱼列岛被日本非法占领。东海大陆架是我国陆地的自然延伸，因此，面积77万平方公里的海区中应归我国管辖的为54万平方公里，但日本却提出中日两国是共架国，要求按中间线划分海域。按日本的无理要求，日本与我国有16万平方公里的争议海区。而在南海，我国海洋权益受到的侵犯更加严重，大约有120万平方公里的海洋国土处于争议中。

二、多姿多彩的海岸带

一提起海岸带，你首先会想到什么？是雄伟壮丽、气势磅礴的礁石？是连绵不绝、金沙银沙铺起的沙滩？还是那幽秘神奇、倚海而生的红树林海岸？其实，由于我国陆域和海域都很辽阔，绵长的海岸线穿越南北造就了各海区多种多样的海岸带类型和多姿多彩的海岸带景观。

1. 基岩海岸：乱石穿空，惊涛拍岸，卷起千堆雪

你是否亲眼见到过一层层巨浪从海上奔腾而来，冲击着悬崖峭壁的壮丽景观？你是否亲耳听到过那撞击产生的冲天水柱发出的阵阵轰鸣，神秘而又威严？在山东半岛、辽东半岛及杭州湾以南的浙江、福建、台湾、广东、广西、

海南等地，你可以见到这种雄伟的基岩海岸，它轮廓分明、线条强劲、气势磅礴。站在这里，你不仅可以见识到它的阳刚之美，也会被那变幻莫测的神韵所深深折服。

图1-1　青岛石老人海岸

看到这种由坚硬岩石所组成的基岩海岸，你的第一感觉可能会认为这是一个冰冷的、没有生命的地方，那么，你就错了。基岩海岸潮间带礁岩底质坚实，不但可以让生物固着生长，还有许多坑洞和缝隙，可以让生物攀附和躲藏。退潮之后，会出现很多仍然留有大量海水的小池，称之为潮池，这些潮池成了鱼类的乐园。在靠近陆地的岩岸，常常可以看到海藻与真菌结合的成藻壳状的黑色地衣和蓝绿藻，还有可能遇到啃食性滨螺和海蟑螂。岩岸上还生活着一些"很活泼"的动物，像帽贝、蜗牛、荔枝螺，有的甚至具备在一个或几个潮汐周期内穿越整个潮间带的潜能。慢慢往海边走，在潮涨潮落的潮间带，有密度可达每平方米几千个的代表种

图1-2　长岛九丈崖

类藤壶，藤壶下方常是牡蛎占优势，再下方以贻贝数量较多。再进入水深略深的浅海区域，冷温带那里生长着大型褐藻类植物，与潮间带岩岸群落相连接，形成独特的海草床生态系统。

2.砂质海岸：碧海银沙，玉屑银末，避暑休闲最惬意

相对于惊险的基岩海岸，在炎热的夏天，我们可能会更多地选择海滨浴场

图 1-3　海南清水湾沙滩

作为避暑、休闲的场所，可以说，砂质海岸是与我们的生活关系最为密切的海岸带景观。或快乐地在海水中游泳嬉戏；或迎着沁人心脾的海风，悠然自得地躺在松软的沙滩上；或沿着海滨木栈道边走边领略海岸带的美景，你会发自内心地感叹：碧海、蓝天、沙滩、白帆，这一切真是舒适惬意。了解了砂质海岸形成的原因，你就会明白为什么沙滩常常分布在山地、丘陵沿岸的海湾。这些海湾往往水动力较强，山地、丘陵腹地发源的河流，携带大量的粗砂、细砂入海，海砂在海浪和海流的作用下按着一定的规律"随波逐流"。粗颗粒在海水中首先下沉，较小的颗粒则处于悬浮状态并被继续搬运到离岸较远的地方，沉积成近岸砂粒粗、远岸砂粒细、底部砂粒粗、上部砂粒细的各种秀丽多姿的堆积地貌体，也就是我们通常所说的沙滩。

砂粒里含有来源于陆地或海洋的各种碎屑，很多个体很小的沙滩生物栖息生活于砂粒间隙。为了适应这一特定的环境，这些小动物通常具有延长成蠕虫状的身体和侧扁的体型，很多还通过强化体壁来保护身体免受沙粒损伤。另外，栖息在沙滩上的一些大型甲壳类动物也多为穴居种类，并且通常"昼伏夜出"，因而，白天人们较难看到这些生活于沙滩上的动物。

昌黎黄金海岸位于河北省秦皇岛市昌黎县东南面的渤海岸边，海岸线全长52.1公里。1990年，昌黎黄金海岸被列为我国首批五个国家级海洋自然保护区之一。昌黎黄金海岸的西侧蜿蜒着一道道连绵起伏的新月形沙丘，与旁

图1-4　秦皇岛昌黎黄金海岸

边的林带黄绿交织，把蔚蓝的大海映衬得扑朔迷离，沙丘、沙堤、泻湖、林带等海洋自然景观具有重要的生态学价值、科学研究价值和旅游观赏价值。在昌黎黄金海岸滑沙场，游客坐在竹木制成的滑沙板上，从几十米高的沙山上呼啸而下，速度越来越快，感觉新鲜刺激。昌黎黄金海岸还设有热气球、旅游直升机、降落伞等游乐项目，既可在浅海中游弋，又可在高空中翱翔，别有一番情趣。

3.卵石海岸：五彩斑斓，或作金色，皆秀色粲然

所谓卵石海岸，是指潮滩上下堆积着大量大小不一、圆度不等、色彩纷呈、碎玉般石块的海岸。从大小上，这些石块有的比鹅卵大，有的与鸡蛋相似，也有的比鹌鹑蛋还小；从圆度上，滩头卵石圆润光洁，以椭圆状居多，也有浑圆状、长椭圆状的；就颜色而言，有的洁白如玉、有的碧若翡翠、有的红似玛瑙，在阳光的照射下变幻出千百种色彩。这种碎玉堆砌、美不胜收的卵石海岸在我国辽东半岛、山东半岛、广东、广西及海南等地背靠山地的海区均有分布。在山东半岛许多突出的岬角附近都有卵石海岸出现，田横岛、灵山岛、长岛等著名的海岛也有典型的卵石海岸。我国当代著名诗人、国学大师启功先生在游览长岛月亮湾时曾赋诗一首："一弯新月映滩涂，山青水碧举世无，仙境不须求物外，行人步步踏明珠。"这"明珠"所形容的就是月亮湾海岸上美如球矶的卵石——"球石"。

是嫦娥奔月时遗落的宝珠？是月牙儿不小心迷失的舞鞋？是鲛人泣珠于

海滩变化而得？民间里流传着许多关于卵石海岸形成的美丽传说。这些传说带给我们很多美妙的想象和无限的乐趣，而卵石海岸真正形成则是依靠自然的力量，需要漫长的历史。地壳运动、海水溶蚀、热胀冷缩、自然风化、波浪冲击等原因造成海边山崖的岩石破碎、脱落，脱落的碎石原本棱角分明，在海水巨浪的冲刷下，这些小石块于激流中滚动、碰撞、摩擦，棱角一步步被磨平，慢慢变得光滑，成为我们所喜爱的卵石。可以说，是大海把岩石"吻"成了珠圆玉润的卵石。这许许多多斑斓粲然、花纹美艳的卵石

图 1-5　卵石海岸

徜徉水底，便堆砌成了卵石海岸。而这些卵石之所以呈现出各种红黄辉映的颜色，则是石英石质中夹杂的铁物质长期风化后形成了氧化铁所致。

4.淤泥质海岸：平坦开阔，坦荡无垠，养殖晒盐两相宜

在我国渤海湾及江苏中南部沿岸分布着地势平坦开阔、坦荡无垠的淤泥质海岸。辽河、黄河、海河等入海河流与淤泥海岸的形成有着密切的关系。像是我们大家所熟悉的"母亲河"黄河把巨量泥沙搬运入海，在潮汐和波浪的冲刷作用下，滩面不断淤高和加宽，便在山东东营沿海形成了宽阔的淤泥质海岸。

淤泥质海岸由平均粒径仅为0.001～0.01毫米的细颗粒泥沙组成，海岸带宽度可达几公里甚至十几公里。在广阔的滩涂上，纵横交叉地分布着一些潮水沟。涨潮时，海水首先通过这些潮水沟向岸边流动；落潮时，潮水沟里的海水最后流干。由于潮水沟里的淤泥层含水量极高，难以承重，人们在淤泥滩上行走举步维艰、困难重重，所以这里人烟稀少。而由于淤泥质海岸地势平坦开阔，再加上大多数淤泥滩土质肥沃，所以这里鱼虾成群，各种蚧类、蛤类、海蚯蚓等也在淤泥中觅食，潮沟便成了潮滩动物的乐园。在较宽、较深的大潮

沟，渔船能够进出，可开发成中小型渔港。因此，淤泥质海岸常被用于滩涂养殖。像是渤海湾沿岸养殖的毛蚶、西施舌肉质鲜美，广东省滩涂养殖以牡蛎为主，也有泥蚶、文蛤、菲律宾蛤仔和缢蛏等。此外，淤泥质海岸也是开辟盐场极为有利的场所，在年降雨量少、日照时间长的华北地区，海边大片低地泥潭更是晒盐的宝地，例如著名的长芦盐区、烟台以西的山东盐区以及辽东湾一带等均是我国重要的盐产地。

在地势最高、离海最远的"高潮滩"，是一般高潮时海水淹没不到的地带，这些裸露的滩面在炎热的太阳光照射下逐渐失去水分，表面因脱水而龟裂成一道道裂纹，被形象地称之为"龟裂纹"。而在发生大潮甚至风暴潮时，有可能一夜之间海水就漫过了那片干缩的海滩，一觉醒来再去岸边时，发现滩面已经变得潮湿平整，再也找不到"龟裂纹"昨天的踪影，仿佛昨天它也不曾存在过。等到大潮过去，海水退却，它们又显现出来。在"高潮滩"附近还有一种有趣的现象，那就是在夏秋季节可以看到无数大大小小的圆泥丸一个个静静地躺着，但是在冬春两季，这些泥丸却像是被人埋藏起来一样，消失不见了。千万不要以为这些泥丸是夏秋时节去海边玩耍的小朋友们的作品，也不要怀疑这些泥丸的凭空消失与某位魔术师有关。其实，制作泥丸的"孩子"、埋藏泥丸的"魔术师"就是海浪。夏秋季节大潮时，在海水不停的冲刷下，粘土块从龟裂的滩面剥离下来，在波浪和海流的作用下，大小不一的粘土块沿着岸坡上下往复地滚动。滩涂上通常还含有一些不规则的贝壳碎壳或碎屑，粘土块越滚越圆，最后成了一个个直径3~6厘米不等、夹杂着贝壳碎屑的泥丸。潮水退后，泥丸便一个个静静地躺在"高潮滩"上。而在冬春季节，这些可爱的圆泥丸之所以一个个都看不见了，是因为冬春两季一般很少有大潮，基本上不会造成"海水漫滩"，海水沿着潮沟流向滩涂，将其携带的泥沙沉积下来，便埋没了泥丸。

5.红树林海岸：幽秘神奇，倚海而生，秋水共长天一色

红树林是生长在热带、亚热带海岸及河口潮间带特有的森林植被，在我国主要分布于海南、广西、广东和福建等地沿海滩涂地区。它们盘根交错，屹立于滩涂之中，像荷花一样，出淤泥而不染。它们随潮涨而隐、潮退而现：涨潮时，或全然被海水淹没，或微微露出顶部的绿色树冠，像是在蔚蓝的海面上撑起的一片绿伞；潮水退去，则成一片郁郁葱葱的森林，生长在海水之中，像是一座"水上绿洲"。红树林海岸是一座"天然牧场"，分布有海生鱼类、大型底栖动物、无脊椎动物、哺乳动物等多种生物，更以各种鸟类而闻名遐迩，百鸟飞翔的景象蔚为壮观，是世界上生物多样性最高的生态系统之一。

6.珊瑚礁海岸：风光绚丽，千姿百态，一曲海洋生命的礼赞

在蔚蓝色的海面上，盛开着一支支、一簇簇或鲜红、或翠绿、或洁白的"海石花"，色彩斑斓的热带鱼群快乐地穿梭于这些绚丽的"海石花"之间，构成了一幅交相辉映的海中奇景。这幅海中奇景是由生活在热带地区的腔肠动物珊瑚虫所造就的，许多死亡的珊瑚虫骨骼与贝壳、石灰质藻类胶结在一起，形成像礁石一样坚硬的具有孔隙的钙质岩体，即为珊瑚礁。在浅水形成的近岸珊瑚礁，构成了风光绚丽、千姿百态的珊瑚礁海岸。珊瑚礁海岸在我国海南沿海地区广泛分布。

图1-6　潮涨潮落的红树林

三、风貌各异的海岛景观

多如繁星的岛屿散布在漫漫海洋，绵延成了一串璀璨夺目的珍珠，镶嵌在万顷碧波之上。

1.大陆岛：层峦叠嶂，山川秀丽

大陆岛原先是大陆的一部分，后因陆地局部下沉或海平面普遍上升，下沉的陆地中较低的地方被海水淹没，较高的地方仍露出水面就成为了海岛。我国海岛中90%以上为大陆岛，总数约6000多个，占我国海岛总面积的99%左右。

坐落于长江口东南海面的"海上仙山"舟山群岛是我国最大的岛群，共有大、小岛屿1339个，约相当于我国海岛总数的20%。舟山群岛是浙东天台山脉向海延伸的余脉，在一万至八千年前，由于海平面上升将山体淹没才形成今天具有低山丘陵地貌类型的岛群。岛上奇岩异洞处处，山峰终年云雾笼罩，有海天佛国普陀山、海上雁荡朱家尖、海上蓬莱岱山等著名岛景。"东海第二佛教名山"观音山峰峦叠翠，山上山下美景相连；枸杞山岛巨石耸立，摩崖石刻处处可见；大洋山岛溪流穿洞而过，水声潺潺，美不胜收……

提起伶仃洋（古称零丁洋），人们大多熟悉或有所耳闻。七百多年前，民族英雄文天祥过零丁洋时，留下了千古绝唱："人生自古谁无死，留取丹心照汗青。""南海明珠"万山群岛在古代称为老万山，包括万山岛、东澳岛、桂山岛、外伶仃岛、担杆列岛、佳蓬列岛，以及香港境内的大濠岛（大屿山）、香港岛等150多个岛屿，犹如一盘棋局散落在伶仃洋上。万山群岛原来属于广东大陆的一部分，是粤东莲花山脉经香港的西向延伸。岛上峰岭逶迤，海岸陡峭，峡湾比比皆是，各岛古海蚀阶地和海蚀蘑菇等景观随处可见。在不同的季节，随着气候的变化，群岛风云变幻、气象万千。

图1-7　"海上仙山"舟山群岛

图1-8　"南海明珠"万山群岛

长山群岛蠹

立于我国北部海疆辽东半岛的东面。自1000万年前的上新世以来，长山群岛随同辽东半岛一起经历了不断地上升。阳光下的长山群岛，岛岛翠绿；月光下的长山群岛，伏龙卧虎。最值得一提的是，现有"黄海聚宝盆""黄海一束花"等美名的獐子岛。相传数百年前，獐子岛上人烟稀少，栖息着大量以森林和森林灌丛为主要栖息地的獐子，明末清初时约有6000只，獐子岛由此得名。獐子岛由东獐、西獐、沙包子三个村落及褡裢、大耗子、小耗子三个岛屿组成，岛上南面陡峭、北面平缓，马尾松林、槐树等乔木及板栗、苹果等果树大面积覆盖，植被茂密、风景秀丽。獐子岛四周海域广阔，水产资源丰富，盛产各种鱼类、虾蟹、贝类、藻类以及海参、鲍鱼等海珍品，是一座远近闻名的富裕岛。

"忽闻海上有仙山，山在虚无缥缈间"，从蓬莱之丹崖山上极目远眺，可见烟波浩渺中，撒落着一群苍翠如黛的岛屿，这就是素有"渤海钥匙"之称的庙岛群岛。这块古老的土地处在新华夏断裂构造带上，是胶辽隆起中的断陷形成的基岩岛。庙岛群岛风景无限，幻景迭出，七八月间的雨后，空晴海静之日，时有海市蜃楼出现，海上大团云彩变幻莫测，或似空中绽开的奇葩，

图1-9　"黄海一束花"獐子岛

图1-10　山东蓬莱亦梦亦幻的海市蜃楼

或似一片山峦奇峰突起，或似琼楼迭现，时分时聚，缥缈难测，令人心醉神迷。我国自古代就把蜃景看成仙境，秦始皇、汉武帝曾率人前往蓬莱寻访仙境，并屡次派人去蓬莱寻求灵丹妙药。而现代科学对蜃景做出了科学解释，认为导致这一光学幻景的是地球上物体反射的光经大气折射而形成的虚像。

2.冲击岛：海中田园，迁徙无常

冲击岛也称沙岛，主要分布于河口地区。陆地上的河流流速比较急，带着上游冲刷下来的泥沙进入海洋后，流速就慢了下来，泥沙在河口附近沉积，经年累月就逐渐形成了冲击岛。

伏卧在长江口江面上的"东海瀛洲"崇明岛，三面环江，面积1083平方公里，是我国第一大冲积岛，也是世界著名的河口冲积岛。相传在远古时期，东海之中有一瀛洲仙境，是神仙居处，但却是一个一直飘忽不定的仙岛。秦始皇和汉武帝先后派人到东海四处寻找，都没有找到。后来到了明朝，朱元璋皇帝把"东海瀛洲"四个字赐给了崇明岛。因此，崇明岛有了这一个美丽的古称。崇明岛具有独特的海岛资源与景观，堪为冲击岛旖旎风光中的典型，岛上地势平坦，村落密布，道路交错，完全没有一般

图1-11　"东海瀛洲"崇明岛

海岛那般荒凉的感觉，初到崇明岛的人，甚至感觉不到已站到了岛上。崇明岛大致有三样特别之景。首先，崇明岛有"蟹岛"之美名。在崇明岛近海边的泥滩上，随处可见布满滩面的小蟹和蟹穴。当游人在滩面上行走时，小蟹们会以令人惊叹的速度飞快地逃入蟹穴，即使你弯身速度再快，也很难触到它们半点。海滩芦苇成林是崇明岛的第二大特色。在崇明岛北岸及东南岸团结沙一带，形成了宽达数公里的"环岛绿色长城"。人们穿行其中，仿若置身于一片无边无际的绿色海洋。崇明岛的第三大特色是岛身形状迁徙无常。作为冲击岛，崇明岛一直处于不断的演变过程中，或许这个我国第一大冲积岛演变成为长江口北岸陆地也是指日可待的事了。

3.火山岛：千奇百怪，地势险要

火山岛是海底火山喷发物质堆积，并露出海面而形成的岛屿。火山岛一般面积不大，但坡度较陡，地势险要。我国的火山岛较少，总数不过百十个左右，主要分布在台湾岛周围。

在雷州湾的东南海域中，坐落着我国第一大火山岛——硇洲岛。在20万～50万年前，经由火山喷发，滚烫的熔岩经空气和海水冷却后，在这里形成了黑色的石头，海浪不停地拍打着黑色的火山熔岩，一半是海水一半是火焰，火与水在这里已经相伴多年。相传当年流亡的南宋皇帝赵昺和抗元军民正是在这里

图1-12　硇洲岛上黑色的火山熔岩石

图1-13 涸洲岛上造型奇趣的海蚀柱

愤慨山河沦陷，将岸边巨石怒击水中，代表与元朝抗争到底的决心。是为"以石击匈（元）"，"硇"字由此而生，硇洲岛也因此得名。硇洲岛四面环海，孤悬海上，风情万种。这里有鬼斧神工的海蚀洞，如两翼向海面伸展的那晏海石滩，有遗址古迹祥龙书院、八角井、宋皇城、宋皇碑、宋皇亭、宋皇村、赤马村。这里还有世界著名三大灯塔之一"硇洲灯塔"。硇洲灯塔也是目前世界仅有的两座水晶磨镜灯塔之一，位于硇洲岛的东南方，直面南海。法国殖民者花费26个月的时间建成了硇洲灯塔，整个灯塔由麻石"砌"成，不用泥浆，完全一块块叠起来，石块与石块之间完美吻合，浑然一体。

涸洲岛是我国最年轻的火山岛，有着我国最丰富的火山景观。涸洲岛素有"南海蓬莱岛"之称，南部的高峻险奇与北部的开阔平缓形成鲜明对比，尤以奇特的火山熔岩为最。由于海水隔阻了移民的接近，涸洲岛上人口稀少，民风淳朴，资源开发有限，至今岛上居民只有约2万人，基本靠传统打鱼为生。也正因为如此，涸洲岛才得以持续拥有我国保存最完整的火山地貌。

4.珊瑚岛：鸟飞长空，鱼翔浅底

珊瑚岛是指几乎全是由珊瑚虫、有孔虫骨骼和贝壳等所构成的海岛。在我国，珊瑚岛主要分布于南海之中，包括台湾附近的火烧岛、兰屿、澎湖列岛、海南岛沿岸岛屿以及东沙、西沙（除了高尖石岛外）、中沙、南沙等南海诸岛。在火山岛涸洲岛上，也有珊瑚礁断续分布。这些珊瑚岛有的像巨舰，有的像扁舟，有的冲天耸立，有的近水低垂，有的尖似铁塔，有的圆如古堡，千奇百怪，莫可名状。珊瑚岛边白沙如带，银光闪耀，珊瑚岛中青草如茵，树木成林，疏密相宜。无数海鸟群集于此繁衍栖息，鱼虾参蟹徜徉在各种宽窄不一的海草丛中。

西沙群岛位于海南岛和中沙群岛之间，珊瑚礁盘露出水面的面积只有百分之一左右，大量的珊瑚礁"藏"在水深1~3米的海水里。《旧唐书》记载，从唐朝起我国政府开始正式管理海南岛以南海域，古代这里被称为"千里"，有满载陶瓷、丝绸、香料的商船在此驶过，是"海上丝绸之路"的重要组成部分。西沙群岛在我国南海诸岛中拥有岛屿最多、陆地总面积最大（超过8平方公里），且面积最大的岛屿（永兴岛）、海拔最高的岛屿（石岛）、唯一胶结成岩的岩石岛（石岛为晚更新世沙丘岩）和唯一非生物成因的岛屿（高尖石）均位于西沙群岛。西沙群岛四周海水十分洁净，最高能见度达40米，水温年变化小，优越的环境加上大量的珊瑚礁，形成了西沙群岛奇特的景观，就像是海天外的最后秘境。

因此，西沙群岛有"中国的海上天堂"之称。在2005年10月《中国国家地理》杂志组织发起的评选"中国最美的地方"活动中，西沙群岛在参评的6500多个海岛中脱颖而出，排名第一。

图1-14 "中国的海上天堂"西沙群岛

南沙群岛位于南海南部，北起礼乐滩北的雄南礁，南至亚西南暗沙，西自万安滩，东到海马滩，分布海域面积82万平方公里，陆域面积合计约2平方公里。有太平、南威、中业、西月、南钥、南子、北子、景宏、鸿庥、马欢、费信等主要岛屿11座，以及安波、杨信等沙洲10座和永暑礁人工岛1座。南沙群岛单个岛屿的面积较小，即使是最大的

图1-15 海滩似玉的南沙群岛

岛屿太平岛，面积也只有0.43平方公里。海滩似玉、绿洲如茵、鸟飞长空、鱼翔浅底，南沙群岛在我国古代就有"千里长沙、万里石塘"之称。

四、无与伦比的深海世界

在电视剧《西游记》里，东海龙王的海底水晶宫极尽奢华；安徒生童话故事《海的女儿》中，人鱼公主的海中宫殿美轮美奂。但我们现实生活中的深海世界却是漆黑一片。在水深200米以下的水域，由于阳光完全不能透入、盐度高、压力大、水温低而恒定，岩石、海床上没有植物，满盖着泥浆状沉积物、鱼类遗骸和生活在较近海面海洋生物的遗骸。然而，令人不可思议的是，在如此恶劣的环境中，却仍有很多奇异的海洋生物栖息繁衍着。

潜水员曾在数千米深的海水中见到过人们熟知的虾、乌贼、章鱼、枪乌

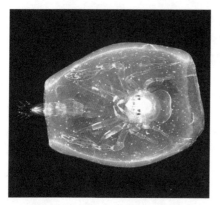

图1-16　藏在桶形凝胶状生物体内的深海片脚类动物

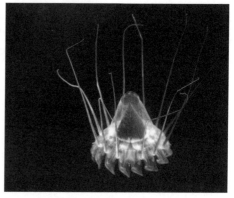

图1-17　在漆黑的环境中绽放异彩的水母

图1-18　深海琵琶鱼侧腹部的条纹状感官系统

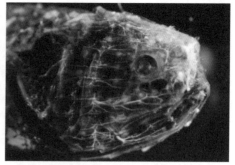

图1-19　大鳞片深海鱼皮肤下好似花纹状网络的神经系统

贼、成群的大嘴琵琶鱼，还有抹香鲸等大型海兽类。如果不是亲眼所见，我们大多会以为这只是天方夜谭。因为，这些看起来十分柔弱的生命要想生存，首先要经受起数百个大气压力的考验。例如人们在7000多米的水下发现的小鱼，相当于在我们人手指甲那么大小的面积上，时时刻刻都在承受着700千克的压力，这个压力甚至可以把钢制的坦克压扁，但这样的深海小鱼竟能照样灵活自如地游动，不得不令人惊叹。

那么，为什么在如此巨大的压力之下，深海鱼类也不会被压扁呢？原来，为了适应深海的环境，它们身体的生理机能已经发生了很大的变化，真真印证了"适者生存"这句话。例如，由于深海环境的巨大水压作用，鱼类的骨骼变得非常薄，并且容易弯曲；肌肉组织变得特别柔韧，纤维组织变得出奇的细密；更有意思的是，鱼皮组织则变成了一层非常薄的层膜，它能使鱼体内的生理组织充满水分，保持体内外压力的平衡。除此之外，很多深海动物还具有其他一些对特殊深海环境的适应方式。例如，许多动物通过发光器产生它们自己的光线，以适应黑暗环境（如灯笼鱼和星光鱼等）；深海鮟鱇鱼等鱼类常发育出大嘴巴、尖牙齿和可以高度伸展的颌骨，能吞食很大的捕获物，以应对深海稀少的食物。

第二节　我国海洋生态危机重重

2013年3月20日，国家海洋局发布《2012年中国海洋环境状况公报》。该公报显示，2012年我国海洋环境质量状况总体维持在较好水平，但近岸海域水体污染、生态受损、灾害多发等环境问题依然突出。我国海洋生态系统具有明显的地区性和封闭性的特征，生态系统和生物多样性、脆弱性明显。在看似平静的海平面下，实则危机四伏、波涛汹涌。

一、海平面持续上升

全球变暖发生后，可能有两种过程会导致海平面升高：一是海水受热膨胀使水平面上升；二是冰川融解使海洋水量增加。我国地处西太平洋区域，受季风、洋流、海温、气压、台风场等因素影响，海平面上升较快。《2012年中国海平面公报》显示，我国沿海海平面变化总体呈波动上升趋势，2012年达到

1980年以来的最高值，1980—2012年，海平面年平均上升速率为2.9毫米，高于全球平均水平。其中，东海海平面上升最为明显，为66毫米，南海、黄海、渤海次之。

千万不要以为海平面上升只是一个"事不关己，高高挂起"的物理现象。海平面上升是一种缓发性的海洋灾害，其长期累积效应可导致风暴潮致灾程度增强，海水入侵距离和面积加大，加重海岸侵蚀的强度，加剧河口区的咸潮入侵程度，变"桑田"为"沧海"。海平面上升也会对某些海洋生物种群造成威胁，还将导致海洋生物的地理分布和物种组成格局发生改变。根据预测，未来30年中，我国沿海地区海平面的平均升高幅度为80~130毫米，其中长江三角洲、珠江三角洲、黄河三角洲、京津地区沿岸将是受海平面上升影响的主要脆弱区。而即便海平面仅上升1厘米，其影响也是巨大的。在遥远的冰河世纪，海平面曾经历了大起大落，但如今，人们共同企望的是它能够保持相对稳定。

———— 延伸阅读 ————

难以忽视的真相

2007年10月12日，瑞典皇家科学院诺贝尔奖委员会宣布将2007年度诺贝尔和平奖授予美国前副总统戈尔与联合国政府间气候变化专家小组（IPCC）。

戈尔是一位坚定的环保主义者，在白宫任职期间，他积极推动克林顿签署《京都议定书》。自竞选总统失败后，就开始了他环游世界宣讲环保之旅，其另一项"环保大手笔"是投资并参与拍摄的纪录片《难以忽视的真相》，此片获得第79届奥斯卡金像奖最佳纪录片。在影片中，戈尔作为一位致力于警惕世人全球暖化的环保战士，穿州过省，向公众解释温室效应的影

图1-20　《难以忽视的真相》海报

响，并努力谋求方法阻止灾难的降临。大幕拉开，灯光渐暗，蓝衬衫黑西服打扮的戈尔出现在舞台中央："我一直想说这个故事，但一直没有机会……如果我们不采取任何行动……"戈尔语气凝重，他身后出现一张张图片：干涸的土地，消失的湖泊，燃烧的森林……

如果说纪录片《难以忽视的真相》以一种艺术形式向人们揭示和描述了气候变暖的骇人危机，那么IPCC三个工作组先后发布的气候变化的成因、气候变化导致社会经济和自然环境的脆弱性、气候变化的后果和解决方案等三份报告，则以科学手段为全球气候变化问题把脉、问诊，将国际社会对于气候变化问题的关注从激烈争论平息和转化为一种共识，在最严峻的后果来临之前，告诫人类必须切实采取措施，有效而迅速地减少二氧化碳等温室气体的排放。

图1-21　小心翼翼站在浮冰之上的北极熊已然成为全球气候变暖悲剧性的象征

二、陆源入海污染严重

我国管辖海域海水环境状况总体较好，但近岸海域海水污染依然严重。江河携带污染物入海和陆源入海排污口排污已成为影响我国近岸海洋环境质量的主要原因。2012年，72条主要江河携带入海的污染物总量约1705万吨，陆源入海排污口达标排放率较低，监测的435个入海排污口达标排放次数占监测总次数的51%。入海排污口邻近海域环境质量状况总体依然较差，75%以上的排污口邻近海域水体呈富营养化状态，40%以上的排污口邻近海域为重度富营养化。

三、海洋生态灾害频发

自20世纪90年代末以来，随着沿海地区经济的飞速发展，海洋污染的加剧，我国近海的赤潮、绿潮、水母旺发等灾害性生态异常现象频频出现，为我国近海生态安全敲响了警钟。

20世纪80年代，我国近海记录到赤潮75次，90年代则高达262次，而2001—2012年，我国共发生赤潮961次。除了发生频率明显增加以外，赤潮面积也不断扩大，有从局部海域向成片海域扩展的趋势。在四大海域中，东海为赤潮多发区。2011年，我国沿海共发生赤潮55次，累计面积6076平方公里，其中东海赤潮发生次数和累计面积分别占全海域的41.8%和23.5%。

自2007年绿潮在黄海西部海域初次暴发之后，其后连续三年均有较大规模的暴发。2008年，山东省青岛市近海发现大规模的绿藻漂浮聚集，逼近奥运帆船赛场海域，影响了海洋渔业、船舶航运等海上活动以及沿岸生态景观，引发了社会各界的高度关注。2011年，青岛前海再次发生绿潮，国家海洋局北海分局利用卫星、飞机、船舶和岸站对黄海绿潮进行全方位、立体化监视监测，监测结果显示，绿潮覆盖面积约410平方公里，分布面积约14700平方公里。

自20世纪90年代中后期起，我国渤海、黄海南部及东海北部海域连年发生大型水母暴发现象，并有逐年加重的趋势。近些年来的夏秋季节，在渤海、黄

图1-22 东海暴发赤潮灾害

图1-23　青岛前海绿潮

海、东海都相继出现了大型水母大量暴发的现象，影响了夏秋鱼汛的海洋渔业生产，发生在旅游度假区的水母暴发问题还会危害游客的安全。

四、石油泄漏污染不断

石油泄漏被认为是破坏海洋环境的"超级杀手"。目前，我国已经超过美国成为全球最大的石油净进口国，我国90%的进口石油是通过海上船舶运输完成的。随着运输量和船舶密度的增加，发生灾难性船舶事故的风险逐渐增大。近年来，我国发生了"宁清油4号"油轮溢油事故、"塔斯曼海"油轮溢油事故、"MSCILONA"集装箱船溢油事故等多起重大石油污染事件。此外，在渤海湾有上千口油井，漏油事故也时有发生。各种海上溢油事故频发，已造成我国某些沿海地区海水的含油量超过国家规定的海水水质标准，事发海域甚至超标几十倍，海洋石油污染十分严重。石油污染会给海洋生态环境造成严重负担，会对海洋自然环境、海洋生物、海水养殖业、浅水岸线、码头工业等造成不同程度的有害影响。

五、外来海洋生物来势汹汹

海洋既是生物资源的宝库，也是容易遭受外来物种入侵、定居、扩散和蔓延的敏感区域。一方面由于沿海经济的高速发展，促进了沿海地区外来物种的引入；另一方面，鉴于目前我国在防范外来生物入侵方面还存在一些薄弱环节，使得我国海域外来物种入侵现象日趋增多，带来的威胁也越来越严重。我国已从国外引进了至少26种海水养殖生物进行养殖，引进了3种滩涂植物进行栽培；大连等地的海洋水族馆还引进了近百种观赏性海洋生物。除了有意引种外，一些外来物种还随远洋航运悄悄潜入我国福建、广东、广西及海南海域。

大型盐碱植物如大米草和互花米草等、海洋病原性微生物如引种南美白对虾不慎带来的桃拉病毒及引种牙鲆不慎带来的淋巴囊肿病毒等、海洋微小型藻类如球形棕囊藻等、海洋无脊椎动物如沙筛贝和虾夷马粪海胆等、海洋脊椎动物如美国红鱼等外来入侵物种来势汹汹，在我国沿海地区掀起了"狂风巨浪"。

六、渔业资源种群再生能力下降

和十多年前相比，我国近海渔业资源受到过度捕捞和环境污染的影响很大。污染使得鱼类的生存环境遭到破坏，然而过度捕捞和毁灭性的渔业活动却让渔业种群几近崩溃。曾以产量高、品种多享誉国内外的我国四大渔场（渤海渔场、舟山渔场、南海沿岸渔场和北部湾渔场），如今已经退化得很厉害，甚至显得有些名不副实了。与带鱼、乌贼并称为我国近海"四大海产"的大黄鱼、小黄鱼曾经是百姓餐桌上常见的美味，可如今大小黄鱼双双登上了"红色名单"，在《中国物种红色名录》中被列为"易危"物种。我国近海渔业资源在20世纪60年代末进入全面开发利用期，随着海洋捕捞机动渔船的数量持续大量增加，捕捞强度超过资源再生能力，急剧地降低了渔业生物资源量。并且渔产品越捕越少，越捕越"年轻"的现象已经不足为怪，由于过度捕捞低龄鱼以及处于食物链下层的低值鱼，造成海洋正常的生物链严重断裂，上层食物链的鱼类没有了食物，渔业资源也就难以延续。据广东省一位从事近岸捕捞的船长介绍，本地许多传统渔场已经消失了，过去一次出海顺利的话能捕到几百公斤大黄鱼，现在一年也只能捕到几尾，而鲅鱼虽不至于如此"濒危"，但旺季每次出海也只能抓到三四十斤，远小于十多年前的两三百斤。

另外，伴随着前所未有的海洋大开发，我国沿海承载着巨大的资源和环境压力，海洋环境与经济发展之间的矛盾越发突出。鱼类的产卵场和索饵场一般是在近岸的浅水区或河口附近，而我国的围填海也大多聚集于这类区域。大型围海、填海工程对相当大范围内的鱼卵、仔稚鱼造成伤害，直接破坏了渔业生物的产卵场和栖息地，影响了渔业资源的再生能力。

七、海洋生物多样性减少

作为生命的起源地，广袤的海洋中生活着数以万计的海洋生物。据2010年在英国伦敦发布的全球海洋生物普查报告显示，全球海洋生物物种总计约有100万种，其中25万种是人类已知的海洋物种，其他75万种海洋物种人类知之甚少，这些目前不甚了解的物种大多生活在北冰洋、南极和东太平洋等尚未被深入考察的海域。

我国是一个海洋生物多样性非常丰富的国家。据统计，2007年我国海域已发现和记录的生物有22561种。我国海洋生物物种具有明显的区域特色，不仅有很多世界其他海域也拥有的海洋生物物种，而且还保存了许多在北半球其他海域早已灭绝的古老孑遗物种，如中华鲟、

图 1-24　濒临灭绝的水椰

库氏砗磲、鹦鹉螺和中华白海豚等。然而，随着海洋渔业捕捞活动的日益频繁、各种海洋污染事故的不断增多、外来入侵海洋生物的持续威胁，海洋生态系统受到人为扰动，生物栖息地被挤压或受污染，海洋生物多样性现状不容乐观。例如，由于我国驻岛渔民在西沙群岛海域的过度捕捞，长棘海星的天敌——法螺大量减少，导致长棘海星大量繁殖，啃食珊瑚虫，危及珊瑚礁生态系统安全以及生物多样性；近几十年间，海南共有海南油杉、陆均松、海南大风子、紫荆木、鸡毛松、薄叶三尖杉和水椰等200多个物种濒临灭绝，海南裸实和霉草等至少6种植物绝迹。万物相依又相争，编织成错综复杂的食物链网，一个物种的消失将会造成食物链断裂，并引发一连串的连锁反应，殃及整个生态系统的正常发育。

八、近岸海洋生态系统严重退化

珊瑚礁、红树林、海草床等近岸海洋生态系统为我国经济和社会发展提供了各种各样的资源，生态服务价值巨大。然而，各类污染、大规模围海造地、外来物种入侵等导致我国滨海湿地大量丧失，渤海滨海平原地区海水入侵和土壤盐渍化严重，砂质海岸和粉砂淤泥质海岸侵蚀范围扩大，局部地区侵蚀速度加快，近岸海洋生态系统严重退化。2012年，处于健康、亚健康和不健康状态的海洋生态系统分别占19%、71%和10%，也就是说，有81%的海洋生态系统处于亚健康和不健康状态。

第三节　保护海洋生态，呵护蓝色家园

　　海洋生态环境恶化的警示灯已经亮起，其影响固然直接危及当代人的利益，但更为主要的是对后代人未来持续发展的积累性后果。保护海洋生态也是在保护我们自己以及我们的子孙后代。1996年4月，作为海洋可持续发展指导性文件的《中国海洋21世纪议程》出台。1996年5月15日，第八届全国人大常委会第19次会议批准了《联合国海洋法公约》，不仅为我国在更广阔的海域范围内开发利用海洋提供了重要机遇，也为海洋权益维护、海洋环境和资源保护、海洋综合管理实施确立了正式的国际法律依据。2002年，党的十六大报告首次提出"实施海洋开发"的战略要求。2003年，国务院发布《全国海洋经济发展规划纲要》，提出了"建设海洋强国"的战略目标。2007年，党的十七大首次把建设"生态文明"写入党的报告，要求我们在发展中要正确处理海洋开发与海洋生态文明建设的关系，更多地关注区域海洋生态问题，保证海洋的有序开发，保持海洋的生态和谐。党的十八大报告中也明确提出要"提高海洋资源开发能力，发展海洋经济，保护海洋生态环境，坚决维护国家海洋权益，建设海洋强国"。建设海洋强国之梦已经融入了以国家富强、民族振兴、人民幸福为指向的中国梦之中，是中国梦的重要组成部分，是实现中华民族伟大复兴的必然选择。保护海洋生态环境又是建设海洋强国的重中之重。

　　然而，与陆域相比，海洋生态问题更加复杂、更难于治理，保护海洋生态环境是一项长期的系统工程。让人民群众吃上绿色、安全、放心的海产品，享受到碧海蓝天、洁净沙滩，不仅是政府的责任，也更需要每个公民的自觉参与。因此，必须动员全社会团结起来，为呵护我们的蓝色家园、实现海洋强国之梦而共同努力。一个梦想、两个梦想……千万个点滴梦想汇聚在一起，便是伟大的海洋强国之梦；一股力量、两股力量，千万股微弱力量凝聚在一起，便能使这个美丽的梦想早日实现并一直传承下去。

第二章◎
驱散"红色幽灵"赤潮

　　海洋孕育了最古老的生命，哺育了最先进的文明，无私地奉献了它所能给予的一切。然而，贪婪的人类对海洋不加节制地索取，终使得纳百川的大海也变了脸。曾经风平浪静、鱼虾满仓的海域，一夜之间却布满血色，仿佛被一个来无影去无踪的"红色幽灵"洗劫一空。"红色幽灵"所到之处，鱼虾陈尸、蟹贝灭绝，只有藻类疯长，生机勃勃的海洋瞬间一片死寂，渔民颗粒无收。这个令人毛骨悚然的"红色幽灵"，就是对海洋渔业发展和海洋生态系统健康产生巨大威胁的赤潮灾害。

第一节 揭秘"红色幽灵"

一、历史记载中的"血水"

在日本,追溯至公元12世纪以前的藤原时代和镰仓时代,就发现有赤潮现象的记录。1803年,法国人马克·莱斯卡波特发现,美洲罗亚尔湾地区的印第安人能够根据月黑之夜观察海水是否发光来判断贻贝是否可以食用。1831—1836年,达尔文在《贝格尔航海记录》中记载了在巴西和智利近海面发生的束毛藻引发的赤潮事件。

我国古籍《姑苏志》卷五十九《纪异》中记述:"延祐间,黄姚盐场负课甚多,一夕海潮暴涨,夜有火光熠熠。数日煮盐皆变紫色,每镬视旧数倍。商人杂以他场白盐亦皆变紫,逋课尽偿,已而复为白色。"文中所记述的元朝延祐年间(1314—1320年)沿海盐场的异常现象与赤潮发生过程极为相似。到了明清时期,关于赤潮的史料记录逐渐变多,如《太仓周志》:"弘治十三年庚申,海潮赤如血。"《福州府志》:"嘉靖四年福州长乐梅花镇,海水忽变赤色,经旦复清,鱼虾可数。"《广州府志》:"顺治六年夏五月,海上流血。"

——— 延伸阅读 ———

《聊斋志异》中是否记载了与赤潮有关的海水发光现象

在1994年出版的《赤潮灾害》中,作者叙述了我国古代对赤潮现象的记载。文中提到:"据说,我国早在两千多年前就发现了赤潮现象,在一些古书文献或文艺作品中也有一些有关赤潮方面的记载。例如,清代蒲松龄在《聊斋志异》的一文中就形象地记载了海水发光现象。"

由于《赤潮灾害》是我国自然科学界较早关注赤潮现象的著作,因此作者所述之我国古代赤潮记载被其他著作广泛引用。且先不追究我国最早的有关赤潮的史料记载是否真的早在两千多年前,我们来看一看《聊斋志异》中是否真的记载了与赤潮有关的海上发光现象。《聊斋志异》卷三《江中》是这样描述水体发光现象的："王圣俞南游,泊舟江心,既寝,视月明如练,未能寐,使童仆为之按摩。忽闻舟顶如小儿行,踏芦席作响,远自舟尾来,渐近舱户。虑为盗,急起问童,童亦闻之。问答间,见一人伏舟顶上,垂首窥舱内。大愕,按剑呼诸仆,一舟俱醒。告以所见。或疑错误。俄响声又作。群起四顾,渺然无人,惟疏星皎月,漫漫江波而已。众坐舟中,旋见青火如灯状,突出水面,随水浮游,渐近舡则火顿灭。"文中所描述"旋见青火如灯状,突出水面,随水浮游,渐近舡则火顿灭"可能是水体富营养化后夜光藻大量繁殖所形成的水体发光现象,然而从"泊舟江心"和题目"江中"就可以很明显地看出,这种水体发光现象是发生在淡水水体"江中",也就是"水华"现象(淡水水体富营养化),而非"赤潮"现象(海水水体富营养化)。

可见,这一被广泛引用的观点"清代蒲松龄在《聊斋志异》的一文中就形象地记载了海水发光现象",其实是对史料的误读,是混淆了淡水"水华"现象与海洋"赤潮"现象。

二、"暗藏杀机"的赤潮生物

被喻为"红色幽灵"的赤潮,在国际上还有另一个别名——"有害藻华"。从这个别名就可以看出,赤潮的发生与海藻的暴发性增殖有着直接的关系。海藻是一个庞大的家族,除了海带、紫菜、龙须菜等一些大型海藻外,很多都是非常微小的浮游植物,有的甚至是单细胞藻类。这些微小的浮游植物肉眼难辨,貌似"弱不禁风",实际上却有着极其强大的生命力和繁殖力,在特定的环境条件下能够暴发性增殖而引起赤潮。除了浮游植物,原生动物(红色中缢虫)、细菌(红硫菌)也能引发赤潮。这些能够引起赤潮的浮游植物、原生动物和细菌被统称为赤潮生物。

1.赤潮生物门类繁多、形态多样

目前,已发现并鉴定了300多种赤潮生物,包括细菌门、蓝藻门、绿藻门、裸藻门、金藻门、黄藻门、硅藻门、甲藻门、隐藻门和原生动物门10个门类,除了红色中缢虫和红硫菌外,其余均属于浮游藻类。一些赤潮生物还可以产生毒素,已经确定的有毒赤潮生物有83种。我国沿海海域的赤潮生物约150种,其中30种在我国海域形成过有害赤潮。赤潮多发的福建沿海,潜在的赤潮

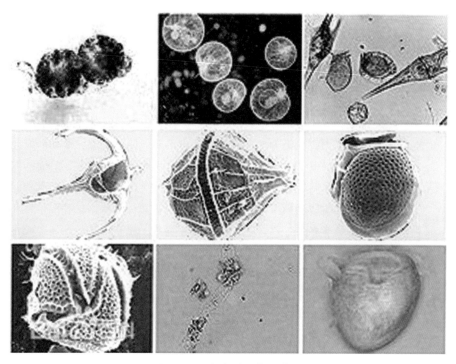

图2-1　形态多样的赤潮藻类

生物有121种，发生频率较高的有月光藻、中肋骨条藻、裸甲藻、赤藻异湾藻和一些束毛藻属种类。这些赤潮藻类，有的具有由二氧化硅和果胶质构成的形似盔甲的坚硬细胞壁，有的在细胞壁上伸出两根长长的鞭毛，有的既能单枪匹马地独自生活，也能聚集成丝状群体，形态多样。

2.不同的赤潮生物，所引发的赤潮颜色不尽相同

　　从历史记载中不难发现赤潮现象的一个特点：水色异常。《太仓周志》中提到的"赤如血"便是赤潮引起的最常见的异常水色。然而，随着对赤潮现象的深入研究，海洋生态学家们发现，海水赤潮引起的异常水色不仅仅只有红色，有时还会发生绿色、黄色、棕色等颜色的"赤"潮。赤潮生物门类繁多，所引发的赤潮现象也各具特点：红海束毛藻、红色中缢虫、红硫菌等引发的赤潮多呈红色、粉红色；裸甲藻引发的赤潮呈黄色、茶色或茶褐色；绿色鞭毛藻类引发的赤潮通常呈绿色；硅藻类引发的赤潮多为土黄、茶色或茶褐色；而膝沟藻、梨甲藻等引发的赤潮甚至并不会引起海水呈现任何特别的颜色。因而"赤潮"只是一个历史沿用名，它并不一定都是红色。

图2-2　各种颜色的赤潮

3.夜光藻是海水发光的秘密

　　从历史记载中也可以看出，某些赤潮的发生常常伴随海水发光现象。造成这种发光现象的是一种叫做夜光藻的赤潮生物。夜光藻是一类生活在海水中的单细胞藻类，其体内含有许多拟脂颗粒，在受到海水波动等机械刺激时能够发光。在南海，夜光藻的繁殖在冬季最为旺盛，密集区可达每平方米万个以上。

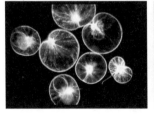

图2-3　能发光的夜光藻

三、赤潮为何一触即发

作为海洋生物大家庭中的一员，赤潮生物广泛分布在世界各海区。在正常的环境条件下，赤潮生物在浮游生物中所占的比重并不大，有些鞭毛虫类（或者甲藻类）还是一些鱼虾的食物，并不会引发赤潮。但富营养化的水体中含有大量氮、磷等营养盐类，铁、锰等微量金属元素以及可溶性有机物，在高温、闷热、无风的天气条件下，这些物质均会促进赤潮生物的大量、过量繁殖，导致赤潮一触即发。赤潮是一种成因复杂的生态异常现象，只有揭秘"红色幽灵"赤潮暴发的真正原因，才能拉响"红色警报"、扼杀"红色幽灵"、捍卫蓝色国土。

1.海水富营养化为赤潮生物的暴发性增殖提供了物质基础

富营养化是指藻类生长所需的氮、磷等营养物质大量进入湖泊、河口、内湾，引起藻类大量繁殖、水体溶解氧量下降、水质恶化的现象。海水富营养化是赤潮暴发的首要条件。随着现代化工农业生产的迅猛发展、沿海地区人口的增多，大量工农业废水和生活污水排入海洋，其中相当一部分未经处理就直接排海，导致近海、港湾富营养化程度日趋严重。例如，第六次人口普查显示，与2000年相比，东部沿海地区人口比重上升2.41个百分点，占全国常住人口的37.98%；《第一次全国污染源普查公报》指出，浙江、广东、江苏、山东和河北五个沿海省份工业污染源数量分别占全国工业污染源的19.9%、17.1%、11.8%、6.1%和5.1%，居前五位。同时，沿海开发带来的生态环境问题和海水养殖业的自身污染问题也使得赤潮发生的频率不断增加。

（1）氮、磷等营养盐类。为了避免在暖流系内的近岸内湾连续长期发生赤潮，日本水产环境水质标准规定无机氮的含量应保持在7微摩尔/升以下，无机磷保持在0.45微摩尔/升以下。邹景忠（1983年）参考国外有关文献，根据我国渔业水质标准和海水水质标准提出了海水富营养化的阈值，其中无机氮为0.2~0.3毫克/升，无机磷为0.045毫克/升。在江河湖泊等淡水水体中，通常磷含量是有限的，因此磷往往是限制植物生长的因素；而在海水水体中，磷含量丰富，氮盐含量却有限，氮成为藻类过度增殖的限制因子。而排入海洋的生活污水和化肥、食品等工业废水以及农田排水中含有大量的氮、磷及其他无机盐类，残饵、粪便所构成的养殖废水中也含有大量的氨、氮、尿素、尿酸及各种其他形式的含氮化合物。天然水体接纳这些废水后，营养盐类含量急剧上升，引起硅藻的大量繁殖，而硅藻特别是骨条硅藻的密集常常引起赤潮。硅藻类又可为夜光藻提供丰富的饵料，促使夜光藻急剧增殖，从而又形成夜光藻赤潮。

（2）微量金属元素。除了上述无机营养盐外，赤潮生物还需从海水中吸收微量的铁、锰、镁、铜、钼、铬等元素。虽然这些微量元素的需要量很少，但其与细胞结构性成分和功能有关，对藻类生长有重要意义。例如，铁是藻类细胞色素（铁卟啉）和许多酶的组成成分，镁也是叶绿素的构成元素，铬对能合成维生素B_{12}的蓝藻有增殖促进作用。金属元素对赤潮生物增殖的刺激作用已经得到实验的证实，在海水中加入小于3毫克/升的铁螯合剂和小于2毫克/升的锰螯合剂，可使赤潮生物卵甲藻和真甲藻达到最高增殖率；相反，在没有铁、锰元素的海水中，即使在最适合的温度、盐度、pH和基本的营养条件下，赤潮生物种群的密度也不会增加。

（3）可溶性有机物。除了氮、磷等无机营养盐类外，有些可溶性有机物如维生素B_1、维生素B_{12}、维生素H、DNA、嘌呤、嘧啶、植物激素以及其他一些有机物质分解产物等也可以充当赤潮生物增殖的促生长物质。通常认为，可溶性有机物的一个重要作用是与微量金属螯合，从而提高赤潮生物所需金属元素的利用率，同时也使一些金属离子（如铜）无毒化，因而与赤潮的发生关系密切。

2.海水理化因子和水文气象的变化为赤潮生物提供了适宜的生存环境

发生赤潮的原因是多方面的、综合的，除了与海水富营养化有关外，还与下列理化因子、水文气象条件密切相关。

3.海水适宜的温度和盐度为发生赤潮提供充分条件

海水的温度是赤潮发生的重要环境因子，20℃～30℃是赤潮发生的适宜温度范围，多数赤潮发生时水温较高（23℃～28℃）。此外，温度的变化速率以及水体温度的成层现象（表层温度高于底层温度）也与赤潮的发生有关。科学家发现，一周内水温突然升高超过2℃是赤潮发生的先兆。1989年4月初，深圳湾发生海洋原甲藻——长叉状角藻双相型赤潮时，发现水温年度异常升高和短时间内水温骤升，随后天气转阴并下雨，水温急剧下降，促使赤潮衰退。除了温度这一海水的物理条件，海水的化学因子如盐度变化也是促使赤潮生物大量繁殖的原因之一。国内外很多有关赤潮的报道表明，赤潮的发生往往与该海区的盐度变化密切相关。多数赤潮发生时盐度较低（23‰～28‰），盐度急剧下降被认为是发生赤潮的重要条件。例如，南方海区的赤潮多发生在春夏之交，而北方海区的赤潮多见于7～10月，都与水温升高以及因雨季而引起的海区盐度降低相符合。1987年，厦门港发生短角弯角藻赤潮时也发现温度、盐度改变的作用：5月3日，海区水温增至20℃以上时，短角弯角藻数量明显增加；5月7～11日，水温迅速升高，日增温达0.8℃，于11日出现赤潮现象，此时水温成层现象明显，表、底温差达1.4℃；5月16日，赤潮第一次高峰过后，短角弯角藻数量开始迅速下降，可是又连续三天降雨，盐度逐渐下降，促使赤潮生物再次快速增殖，至25日出现第二次高峰。

4.水文气象条件是促成赤潮发生的重要条件

监测资料表明，在赤潮发生时，多处于天气闷热、风力较弱或潮流缓慢等气象环境。

四、赤潮的发生与消亡

判断赤潮是否发生，最明显的依据是水体的颜色。此外，是否伴随着鱼、虾、贝类的死亡，水体是否发臭并变得黏稠等，都可以作为判断赤潮发生的依据。从更加严谨科学的生态学分析的角度，国际上还没有公认的统一标准对赤潮的发生进行判断。根据日本各地发生的140余起赤潮调查结果统计，日本学者安达六郎于1973年提出"不同生物体长的赤潮生物密度法"，作为赤潮发生的判断依据。

表2-1　不同生物体长的赤潮生物密度法

赤潮生物体长（微米）	赤潮生物密度（个/升）
<10	$>10^7$
10~29	$>10^6$
30~99	$>3 \times 10^5$
100~299	$>10^4$
300~1000	$>3 \times 10^3$

从安达六郎提出的这一判断标准可以看出，只有当赤潮生物密度达到一定的阈值，才能引发赤潮。因而，赤潮的发生发展和消亡过程，也就是正常密度的赤潮生物异常增殖达到阈值密度后，又逐渐或突然消亡的过程，这个过程通常包括以下四个阶段：

1.起始阶段：为赤潮形成埋下伏笔

如果海域具有形成赤潮的生物种（包括赤潮生物的"种子"——胞囊），而海水的各种理化条件又能够满足该种赤潮生物快速生长、繁殖的需要，赤潮生物便开始大量繁殖，或者赤潮生物的胞囊开始大量萌发，从而导致竞争能力较强的赤潮生物逐渐发展到一定的种群数量。

2.发展阶段：赤潮生物指数式增长形成赤潮

在海区的各种营养物质以及光照、温度、盐度等环境条件继续保持有利于赤潮生物发展的状态下，赤潮生物的数量呈指数式增长并迅速形成赤潮，而原先的共存种大多被抑制或消失。这一阶段任何环境因素的改变都有可能阻碍、推进或终止形成赤潮的过程。

3.维持阶段：赤潮生物数量维持高水平

在该阶段，赤潮生物种群数量处于相当高的水平。水体的物理稳定性、营养物质的消耗与补充状况决定赤潮现象持续时间的长短。

4.消亡阶段：赤潮现象逐渐或突然消失

当赤潮生物生长所需的营养物质耗尽又未能及时得到补充，或遇台风等环境而引起水团不稳定，或温度的突然变化超过赤潮生物的适应范围时，赤潮生物开始大量死亡，赤潮现象逐渐或突然消失。

第二节　"红色幽灵"横行中国海

被人类的污染物"滋补"得越来越嚣张的"海上幽灵"，已成为一种世界性的公害，美国、日本、中国、加拿大、法国、瑞典、挪威、印度、韩国等30多个国家和地区的赤潮发生都很频繁。根据国家海洋局的记录，20世纪80年代，我国近海记录到赤潮75次，90年代则高达262次，一次赤潮的面积从几平方公里扩大到几千甚至上万平方公里，发生区域由分散的少数海域发展到成片海域，经济损失从90年代初期的近亿元增至90年代末期的近10亿元。近十几年来，由于海洋污染日益加剧，我国赤潮灾害也有加重的趋势，经济损失惨重。

2001年，我国海域共发生赤潮77次，累计面积达15000平方公里，造成经济损失约10亿元。其中南海发生赤潮15次，14次发生在广东省海域。

2002年，我国海域共发生赤潮79次，累计面积超过10000平方公里，直接经济损失2300万元。其中南海共发生赤潮11次。

2003年，我国海域共发生赤潮119次，累计面积达14550平方公里，直接经济损失4281万元。其中南海共发生赤潮16次。2003年8月12~30日，位于南海的广东省坝光和东升养殖区海域赤潮持续19天，最大面积达15平方公里。

2004年，我国海域共发生赤潮96次，累计面积约26630平方公里，其中南海发生赤潮18次。全年全国海域有毒赤潮生物引发的赤潮20余次，面积约7000平方公里。主要有毒赤潮生物为米氏凯伦藻、棕囊藻等。2004年6月11日，卫星监测到山东省黄河口附近海域赤潮，面积约1850平方公里，主要赤潮生物为有毒的球型棕囊藻。

2005年，我国海域共发生赤潮82次，累计面积约27070平方公里，直接经济损失6900万元。其中南海共发生赤潮9次。2005年5月31日至6月16日，浙江洞头赤潮监控区及附近海域赤潮最大面积约300平方公里，主要赤潮生物为米氏凯伦藻和具齿原甲藻，直接经济损失3700万元。

2006年，我国海域共发生赤潮93次，累计面积约19840平方公里，全年全国海域有毒赤潮生物引发的赤潮41次，面积约14970平方公里。主要有毒赤潮生物为米氏凯伦藻、棕囊藻和多环旋沟藻等。南海暴发赤潮17次，七年来南海海域首次在1月份未发生赤潮。

2007年，我国海域共发生赤潮82次，累计面积约11610平方公里，直接经济损失600万元。其中有毒赤潮生物引发的赤潮25次，面积约1906平方公里。南海海域暴发赤潮10次。位于南海的广东汕头澄海、濠江和南澳岛周边海域于2007年2月6~15日发生赤潮，最大面积约55平方公里，主要赤潮生物为球形棕囊藻。2007年11月9~22日，天津北塘、汉沽附近海域发生赤潮，最大面积约80平方公里，主要赤潮生物为浮动弯角藻。

2008年，我国沿海共发生赤潮68次，累计发生面积13738平方公里，直接经济损失约为200万元。本年度赤潮发生次数为自2001年赤潮灾害统计以来最少的一年。赤潮主要发生在东海（全年共发生赤潮47次），而南海仅发生赤潮8次。

2009年，我国沿海共发生赤潮68次，累计面积14102平方公里，直接经济损失6500万元。高发区为东海，发生次数和累计面积分别占全海域的63.2%和46.5%；南海暴发赤潮8次，累计面积391平方公里。引发赤潮的生物种类主要为夜光藻、中肋骨条藻、赤潮异弯藻、米氏凯伦藻等，一些赤潮是由两种或两种以上赤潮生物共同形成的（称为双相赤潮或多相赤潮）。有毒赤潮共发生11次。

2010年，我国沿海共发生赤潮69次，累计面积10892平方公里，其中南海发生赤潮14次，累计面积223平方公里。2010年5~6月发生在秦皇岛昌黎沿海海域的赤潮灾害造成直接经济损失约2亿元。

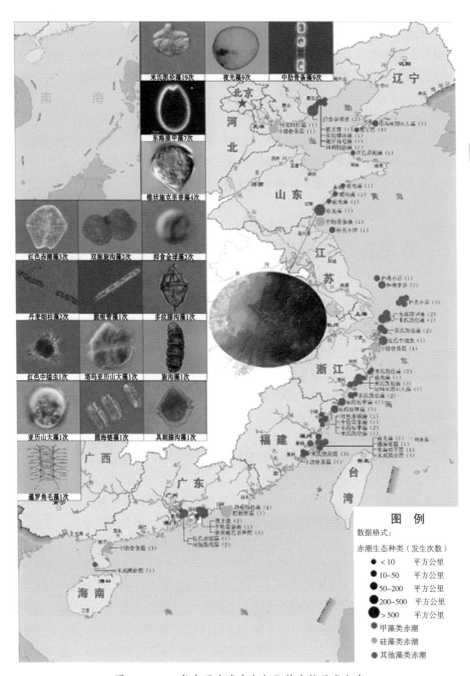

图2-4 2012年我国海域赤潮与优势生物种类分布

2011年，我国沿海共发生赤潮55次，累计面积6076平方公里，直接经济损失325万元。高发区为东海，发生次数和累计面积分别占全海域的41.8%和23.5%；南海暴发赤潮11次，累计面积190平方公里。引发赤潮的生物种类主要为东海原甲藻、夜光藻和中肋骨条藻等，一些赤潮由两种或两种以上赤潮生物共同形成。

2012年，我国沿海共发生赤潮73次，12次造成灾害，直接经济损失20.15亿元，其中福建省赤潮灾害直接经济损失最大，为20.11亿元。引发赤潮的优势种共18种，多次或大面积引发赤潮的优势种主要有米氏凯伦藻、中肋骨条藻、夜光藻、东海原甲藻和抑食金球藻等。

第三节 "死海"的形成——赤潮的危害

"红色幽灵"的突然袭击给海洋生态系统带来灾难性的破坏，曾经生机勃勃的海洋一度成为生命绝迹的"死海"。赤潮的暴发严重威胁着蓝色农业的健康发展，而赤潮毒素随着食物链富集进入水产品中，也对人类健康产生巨大的危害。"红色幽灵"带来的灾难，其影响范围已大大超出赤潮暴发海域，整个海洋生态系统的平衡与健康，以及人类未来发展的保障，都受到了它的威胁。

一、海洋生态平衡遭受威胁

20世纪50年代到60年代中期，美国佛罗里达州沿岸几乎每年都有赤潮发生，造成了鱼、虾、贝类的大量死亡，就连以这些生物为食的海龟、海豚也不能幸免。1971年春、夏季，美国佛罗里达州中西部沿岸发生短裸甲藻赤潮，导致1500平方公里暗礁区的生物群落几乎完全灭绝。2012年年底，美国加州中部海岸有数以千计的美洲大赤鱿搁浅，而这种大规模的"自杀"事件往往与赤潮同时发生，推测美洲大赤鱿搁浅事件与赤潮发生有着直接或间接的关系。2013年，美国佛罗里达州濒危物种海牛遭到来自自己生存水域的致命威胁。由于佛罗里达州西南部海域水藻过度繁盛引发赤潮，赤潮藻填满整个海域，使海牛不得不以有毒海藻为食。2013年1~3月，短短两个月的时间内174头海牛死亡，创下了历年来赤潮导致海牛死亡的最高纪录。

在亿万年的进化历程中，海洋形成了一种物质循环、能量流动处于相对稳定、动态平衡的状态，海洋生物与环境、生物与生物之间建立了相互依存、相互制约的关系。当赤潮发生时，赤潮生物的异常暴发性增殖打破了原有的生态平衡，扰乱了浮游动物、浮游植物、底栖生物和游泳生物间的食物链网和相互依存、相互制约的关系。在植物性赤潮发生初期，浮游植物的光合作用导致水体中叶绿素a含量、pH值、溶解氧、化学耗氧量等异常升高，致使一些海洋生物不能正常生长、发育、繁殖甚至致其死亡。而有些赤潮生物的体内或代谢产物中含有生物毒素，能直接毒杀以海藻为食的海洋生物，或通过捕食过程在更高层的营养级中富集而产生毒害作用。因而，赤潮的发生致使海洋生态平衡遭受巨大的威胁。

图2-5　美国加州中部海岸搁浅的美洲大赤鱿

图2-6　美国佛罗里达州濒危物种海牛

二、蓝色农业的丰硕成果被无情吞噬

接连发生的赤潮灾害无情地吞噬着蓝色农业的丰硕成果。1967—1987年，日本濑户内海因赤潮造成的渔业明显受害事件387起。1981年7~9月,韩国镇海湾及其邻近水域发生大面积长崎裸甲藻赤潮,养殖区牡蛎、贻贝、扇贝等大量死亡,经济损失近250万美元。1982年,美国东海岸发生一起大规模的有毒膝沟藻赤潮,政府禁止在长达3200千米的沿岸水域进行食用性贝类的商业性采捕,经济蒙受巨大损失。2011年3月,美国洛杉矶雷洞多海滩沙丁鱼群误入藻类生长茂盛的低氧区,数百万条沙丁鱼因缺氧窒息死亡。

图2-7　国洛杉矶雷洞多海滩窒息死亡的沙丁鱼群

1989年,我国沿海共发生赤潮灾害12起。1989年4月,福建省福清县附近海域发生夜光藻赤潮,13000亩养殖缢蛏绝收,

图2-8　痛心而无奈的福建平潭海域鲍鱼养殖户

1亿只尾虾苗死亡。1989年夏季,河北省黄骅市和唐海县附近海域发生大面积裸甲藻赤潮,最严重期持续一个多月,实属历史罕见。黄骅市26000亩虾池受灾,直接经济损失2800万元;唐海县养虾业受损严重,经济损失达8500万元。2012年5月18日至6月8日,我国福建沿岸海域共发生10次米氏凯伦藻为优势种的赤潮,累计面积323平方公里,给水产养殖带来严重的经济损失。据平潭县海洋渔业局统计,5月26~30日期间,平潭海域养殖的成品鲍鱼死亡数量达6230万粒,鲍鱼幼苗死亡数量达8989万粒,估计直接经济损失超过3.3亿元。赤潮频发使沿海渔业遭受重创,受灾渔民达上万户。由于受灾损失惨重,不少渔民血本无归,无力恢复生产。

　　赤潮生物的异常暴发性增殖破坏了以微型或小型海洋生物为食的经济鱼类

的饵料基础，造成鱼、虾、蟹、贝类索饵场丧失，渔业产量锐减；在有限空间里密集分布的赤潮藻类，还会堵塞鱼、虾、贝等动物的瓣鳃，使之呼吸受阻、窒息而死；赤潮发生后期，伴随着赤潮藻的消亡，细菌对死亡藻类的分解过程会耗尽赤潮暴发海域的溶解氧，这一过程往往是对渔业危害最严重的；分解过程中还会产生硫化氢等有毒有害化学物质，严重威胁经济生物的生存；加之赤潮生物毒素的毒害作用，鱼、虾、贝类等经济生物难逃厄运。

─────── 延伸阅读 ───────

谁来为赤潮灾害埋单

为了有效减少并消除环境污染的不良影响，我国建立了"谁污染谁治理"的治污机制，但当污染源与受灾地空间跨度较大时，环境污染的"埋单"者就难以裁定，对造成污染的责任者也没有可资利用的硬约束来加以处置。赤潮的最大受害者往往是沿海渔民，而造成污染的上游企业则远居内陆，受害者和污染源在空间上分离，在利益上又缺少牵制，导致目前渔民的损失只能由国家财政来补偿。但政府救助毕竟能力有限，灾后渔民仅依靠政府灾害救助恢复生产十分困难。

韩国、日本等国家都有比较成熟的水产养殖保险，而因水产养殖业对自然环境依赖性强、风险高、损失大、赔付率居高不下等原因，目前我国水产养殖保险市场形成了保险机构不敢保、水产养殖户面对高额保费望而却步的尴尬局面，全国水产养殖保险基本空白。

近年来，水产养殖业者的保险意识和转移风险的需求不断提高，越来越多的水产养殖者开始努力寻求水产养殖保险服务。水产养殖作为农业生产的一部分，理应得到国家政策保险的支持。2013年2月，国务院通过了《关于促进海洋渔业持续健康发展的若干意见》，提出"完善渔业保险支持政策，积极开展海水养殖保险"。在赤潮暴发难以溯源、难以追责的情况下，如何通过保险补偿使得饱受赤潮灾害之苦的渔民重新获得资金购买设备、种苗，尽快恢复生产，不至"因灾致穷"，这个问题值得思考也必须探讨。

三、人体中毒事件时有发生

赤潮生物毒素引起人体中毒事件在世界沿海地区时有发生。我国历史上也曾发生多起人食用赤潮毒素污染的有毒贝类而中毒的事件。《诏安县志》中就记述了福建省漳州市诏安县因赤潮而引发的人体中毒死亡事件："（嘉靖）三十七年十月二十四日，漳州诏安红水随潮上，濒海居民取蚝食者多死。"

1986年12月，我国福建省东山县诏安湾发生裸甲藻赤潮，人们食用受污染的菲律宾蛤仔后造成136人中毒、1人死亡。2011年5月末，浙江省宁波、舟山等地发生部分消费者因食用贻贝（俗称"淡菜"）等贝类产品后出现腹泻、呕吐等症状。经证实事件发生与海洋赤潮暴发有关，浙江省食品安全委员会办公室发出预警，建议公众慎食贻贝。

因中毒事件多在人食用贝类后而发生，因此赤潮毒素通常被叫做贝毒。根据中毒后所产生的症状，贝毒可分为记忆缺失性贝毒、西加鱼毒、腹泻性贝毒、神经性贝毒、麻痹性贝毒和氨代螺旋酸贝毒六大类。赤潮毒素有的是直接由赤潮藻本身所释放的，有的是赤潮生物死亡后，其藻体分解而产生的。赤潮发生时，贝毒不仅仅在贝类中残留，虾、蟹、鱼类等海产品也可能受到贝毒的污染，且由于鱼类体内氧化酶对赤潮毒素的作用，往往导致赤潮毒素在鱼类体内转化产生毒性更强的产物。人一旦误食含有赤潮毒素的海产品，轻则出现中毒症状，重则危及生命。目前确定有10余种贝毒的毒性比眼镜蛇毒素高出80倍，比普鲁卡因、可卡因等一般的麻醉剂毒性强10万多倍。人贝毒中毒初期常出现唇舌麻木、四肢麻木等症状，并伴有头晕、恶心、胸闷、站立不稳、腹痛、呕吐等；严重者出现昏迷，呼吸困难。除了"病从口入"以外，接触赤潮毒素也会引起皮肤不适，有些挥发性的神经性贝毒还能对眼睛和呼吸道产生影响。

表2-2　赤潮毒素的中毒症状

毒素类型	中毒症状
麻痹性贝毒	四肢及面部肌肉麻痹，头痛，恶心，流口水，视力障碍，窒息
腹泻性贝毒	绞痛，寒颤，恶心，呕吐，腹泻
记忆缺失性贝毒	肌肉酸软，定向障碍，丧失记忆
神经性贝毒	刺激眼睛及鼻腔，高血压，体温变化敏感
西加鱼毒	温感颠倒，关节疼痛，低血压

第四节　捍卫蓝色宝库——赤潮的预报、预防和治理

赤潮的肆虐让海洋疾病缠身。赤潮暴发的密度之大、延续时间之长、影响范围之广、损失之严重，已经到了不可不治的程度。对赤潮的发生进行及时的预报和有效的预防与治理，已迫在眉睫。

一、全面开展赤潮监测，拉响"红色警报"

赤潮的发生对海洋生态环境的负面影响极大，如能成功预报赤潮，及时拉响"红色警报"，便能对赤潮发生海域采取保护措施，不仅有利于海洋生态系统保护，而且能够避免海水养殖区重大经济损失，保证沿海地区经济和社会的稳定发展。2002年，国家海洋局在我国近海海域全面开展了赤潮监测、监视工作。在全国沿海选建10个赤潮监控区，开展高频率、高密度监测。监控区内赤潮的发现率达到100%，明显减少了赤潮造成的经济损失。其中，浙江省赤潮造成200万元经济损失，与前两年相比明显下降；福建省因监控区工作的开展，减少赤潮灾害造成的经济损失9000万元；辽宁东港和河北黄骅歧口监控区在赤潮易发季节，及时向养殖户及企业通报赤潮预警监测结果，指导养殖户和企业适当延长养殖时间，养殖产量分别增加30%和9%。

通过对赤潮频发原因的研究，人们从理论上提出了一些预报方法及模式，有些也在赤潮灾害的预警预报中得到了实际应用。海洋生态学家们发现，在实际工作中，单独使用一种预报方法往往难以达到理想的预测效果，而综合考虑几种预报方法和模式，对可能导致赤潮发生的多种迹象进行连续跟踪和综合性分析判断，才能获得较为准确的预测预报效果。2003年，各级海洋行政主管部门将我国赤潮监控区增至18个，同时，充分利用船舶、海监飞机和卫星遥感等技术手段，加大赤潮监测监视频率，进一步完善了赤潮的应急响应系统。

1.根据海水富营养化指标预测赤潮发生

海域的富营养化是赤潮发生的"温床"，所以能够反映海域富营养化的指标都可以在赤潮预报中发挥作用。目前，一些以氮、磷、化学耗氧量等作为参数进行富营养化程度判断的模型已在实践中得到运用。而很多现场调查和室内

实验的结果都证实，铁、锰等微量金属元素对赤潮生物生长具有刺激作用，故而除了藻类生长所必需的基本无机营养盐外，对一些能够促进赤潮发生的微量元素（特别是铁和锰）的供应量进行监测，在赤潮的预报中也是一种行之有效的方法。日本东京水产大学、日本近畿大学理工学部地球化学研究室和歌山县水产试验场等共同提出利用硒含量的变化来预测赤潮的发生。现场观察分析发现：在赤潮发生之前，随着浮游植物的增殖，表层海水中硒的浓度会持续上升，赤潮高峰时，硒浓度是平时的3倍以上。实验室内研究结果证实硒可促进赤潮生物增殖。结合现场和实验室内实验，研究小组首次确认赤潮发生与硒有关。

2.根据海水理化因子和水文气象的变化预测赤潮发生

研究者通过对赤潮发生前的海水水温和盐度的大量调查发现，当海区表层水温在短时间内急剧上升且伴随成层现象时，或在河口、内湾因降雨或河流径流量增大而引起盐度变化时，常可诱发赤潮灾害，因而提出可根据海区出现的上述异常现象来预测赤潮发生的概率。日本学者利用温度和盐度的变化成功预测了日本兵库县明石海域卡盾藻赤潮。有学者认为，当水温累积到某一阈值时，赤潮暴发的概率会显著增大，因而可对观测水温进行累积来预测赤潮发生的时间。此外，还可通过测定水体垂直稳定度来对赤潮发生进行预报，因为海水垂直稳定度发生变化时，水体能够进行成层垂直混合，从而使底层营养盐向表层输送，是形成赤潮易发环境的典型迹象。

另外，有学者发现，当水体中的pH值超过8.25，溶解氧饱和度超过110%~120%时，赤潮在未来几天发生的概率会明显增大。因而，水体中的pH值和溶解氧饱和度也能够作为预测赤潮发生的理化指标。

在以潮汐作用为主的近海海域，潮汐促进了海水的交换，对赤潮生物的聚集与扩散起到了重要作用，还使底层丰富的营养盐往表层输送，促成赤潮的形成。因而，对于以潮汐作用为主的近海海域，可采用潮汐预报法进行赤潮的预报。

3.根据生物学特征预测赤潮发生

可根据赤潮生物的增殖速度、叶绿素a的变化、"种子场"的范围、细菌的类别及数量变化、赤潮藻类的光合活性等生物学依据来进行赤潮的预测。

（1）赤潮生物的增殖速度。跟踪海区中各种赤潮生物的增殖情况，就有可能在赤潮发生的起始阶段预测赤潮发生的时间。日本学者在博多湾和箱崎港连续跟踪异湾藻的增殖情况，发现这种赤潮生物从5月24~25日开始增殖，5月31日出现第一次赤潮时，每升海水中异湾藻的数量达到3.66×10^6个，即异湾

图2-9 被巨大赤潮笼罩的波罗的海

藻异常增殖而形成赤潮需7天，计算可知异湾藻每天分裂1.35次。因而，监测赤潮生物增殖率可以预测赤潮生物达到赤潮形成所需个体密度的时间。

（2）叶绿素a的变化。叶绿素a是反映藻类细胞生物量的一个指标，在邹景忠（1983年）所提出的海水富营养化阈值中，叶绿色a指标为$1 \sim 10$毫克/米^3。一般认为，当监测中发现叶绿素a含量超过10毫克/米^{3}并有继续增高的趋势时，就预示赤潮可能即将出现。大面积测定叶绿素a和水色的卫星遥感技术已开始实际应用，大大推进了赤潮预警预报工作的进展。2010年7月，欧洲航天局Envisat卫星拍摄到了波罗的海一个绵延近38万平方公里的巨大赤潮，波及芬兰北部、德国和波兰南部。

——— 延伸阅读 ———

我国第一颗海洋卫星——"海洋一号"（HY-1A）

2002年5月，我国成功发射第一颗海洋卫星——"海洋一号"（HY-1A），结束了我国没有海洋卫星的历史。海洋卫星从无到有，标志着我国海洋卫星遥感与应用技术迈入了一个崭新的阶段，是我国海洋发展历史上的一个里程碑。

这个从太空遥视海洋的"科学管家"由我国科学家自行研制，身上装

图 2-10   HY-1A卫星发现的渤海辽东湾赤潮

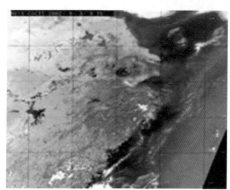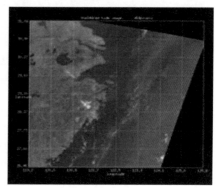

图 2-11   HY-1A卫星发现的长江口赤潮

载着两台遥感器，一台是十波段的海洋水色扫描仪，另一台是四波段的CCD成像仪。HY-1A于北京时间2002年5月15日9时50分在太原卫星发射中心与FY-1D卫星一起由长征四号乙火箭"一箭双星"发射升空，在完成了7次变轨后，于2002年5月27日到达预定轨道，并于2002年5月29日按预定时间有效载荷开始进行对地观测。2002年5月29日，设在北京和三亚的我国海洋卫星地面站，成功接收到来自HY-1A的第一幅遥感图像。

HY-1A卫星对我国沿海区域（包括渤海、黄海、东海、南海及海岸带区域等）进行实时观测，主要观测要素包括海水光学特性、叶绿素浓度、海表温度、悬浮泥沙含量、可溶有机物、污染物等。HY-1A分别于2002年6月15日、9月3日监测到发生在渤海辽东湾、华东沿海和黄海的赤潮。

图 2-12　HY-1A卫星的后续星HY-1B

2007年，我国又在HY-1A卫星基础上研制了HY-1B。HY-1B作为HY-1A卫星的后续星，其观测能力和探测精度得到了进一步增强和提高。

"种子场"的调查：赤潮生物在不利环境条件下会形成休眠孢子或胞囊沉于海底，待环境条件适宜时萌发并大量增殖。因此，若能查清赤潮生物"种子场"的范围、种类、数量和密度，并了解其萌发条件，也有助于赤潮的预测预报。

二、未雨绸缪，消灭赤潮发生的"温床"

赤潮的危害很大，但治理却很困难。因此，相对于赤潮灾害发生后的治理，坚持"以防为主"，通过赤潮预防技术将"红色幽灵"扼杀在摇篮里，才是标本兼治的良策。

控制富营养化物质的入海量，消灭赤潮发生的"温床"。既然富营养化是赤潮发生的物质基础和首要条件，那么控制海域的富营养化水平就能有效防止赤潮发生或减少赤潮发生的机会。随着经济的发展和沿海城市人口的不断上升，各种富营养化物质入海量还会继续增加，因此必须加以严格控制，各种污水入海量应以该海区的自净能力为依据。在赤潮多发区，应建立以海洋环境容量为基础的污染物入海总量控制标准，合理分配与赤潮暴发相关的污染因子的排放总量。沿海各省应制定相关的政策和措施，控制沿海地区和流域的氮、磷施用量和排放量。除了控制污染物质入海总量以外，还应重视提高城市污水和工业污水的集中处理率，污水处理达标后方可排放入海。针对自身污染严重的近岸、内湾地区，发展生态养殖，减轻污染负荷。

人工辅助建立良性循环的生态系统，改善富营养化的水体和底质。在富营养化海区，通过人工培植海生植物来吸收海水中过量的营养盐类，同时利用浮游动物和底栖动物摄取各种碎屑有机物，再加上细菌对有机物的同化和分解作用，能够加速各种营养物质的利用与循环。这种由人工辅助所建立的良性循环的生态系统，充分利用了各种不同生物的吸收、摄食、固定和分解功能，可改善富营养化海区的水体和底质。而在富营养化的内湾或浅海，因地制宜地养殖海带、裙带菜、羊栖菜、紫菜、江蓠等大型经济海藻，即能满足净化水体的目的，又能获得较高的经济效益。日本科学家就曾发现，生长茂盛的铜藻、江篱等海藻能够大量吸收海水中的氮和磷，若在易发生赤潮的富营养化海域大量养殖这些藻类，并在生长旺盛时期及时采收，就能将海水中过量的营养盐类转移出来，从而大大降低海水富营养化的程度。此外，利用自然潮汐的能量来提高水体交换能力，对富营养化水域的水体进行稀释；或利用挖泥船、吸泥船等器械，对受污染的底泥进行彻底清除或翻耕海底；或者用粘土矿物、石灰匀浆及沙等直接覆盖受污染的底泥等，均能在一定程度上预防赤潮发生。

三、多措并举，驱散"红色幽灵"

一旦赤潮发生，有没有真正适用的治理措施，使其对海洋环境、水产养殖业及人类健康的影响降至最低？目前，针对赤潮灾害的治理，国内外的学者提

图2-13　韩国庆南统营渔民投黄土应对赤潮

图2-14　汕尾市海洋与渔业局向亚帆船赛区海域喷洒改性粘土材料

出了若干方法，但这些方法大多处于实验室研究阶段，在实际处理赤潮这样一个大范围的、复杂的生态失衡问题时，还存在诸多问题。虽然目前尚未寻找出一种能满足"高效、无毒、价廉、易得"要求的赤潮治理方法，但在水产养殖区内发生赤潮的紧急情况下，仍然有一些物理、化学和生物的应急措施可以采用。

1.物理法应用广

撒播粘土是目前国际上公认的一种有效治理大面积赤潮的方法。粘土是一种天然矿物，其颗粒比表面积大，而且呈负电性，因此具有很好的物理吸附性。撒播粘土法就是利用了粘土颗粒良好的絮凝作用，使赤潮生物絮凝而从水体中去除。此外，粘土来源丰富、成本低廉，在海域中使用后基本无污染，这些优点也使其成为对付"红色幽灵"的利器。20世纪80年代初，日本就在鹿儿岛海面上进行过具有一定规模的撒播粘土治理赤潮的实验。1996年，韩国曾使用约6万吨粘土制剂来治理100平方公里的海域赤潮，收到了良好的效果。2013年8月，韩国庆南统营发生赤潮，致死鱼成堆，赤潮持续半

图2-15　赤潮灾害发生后转移、隔离鲍鱼

个月，造成的损失为历年最多，渔民投黄土予以应对。

为了进一步提高粘土的治理效果，科学家们又对粘土颗粒进行了改良，研制出了改性粘土。通过改变粘土颗粒的表面性质而制备的改性粘土，能够实现比粘土高几倍甚至几十倍的治理效果，是一种非常有潜力的赤潮治理方法。2012年11月12日，为确保亚帆船赛区海洋环境质量安全，增强处置赤潮灾害能力，我国汕尾市海洋与渔业局在亚帆船赛区海域举行赤潮灾害消除演练，通过喷洒改性粘土材料对赤潮进行消除。

对于小型的网箱养殖海域，也可以直接将养殖网箱从赤潮水体拖拽至安全水域来对付赤潮。但只有在局部区域发生赤潮、周围容易找到安全"避难区"的前提下，这种简单的拖拽法才可行。隔离法是另一种比较可行的应急措施，主要是使用不渗透的材料将养殖网箱与周围的赤潮水体隔离起来，从而降低赤潮对养殖水域的危害。2012年，我国福建沿岸海域赤潮灾害发生后，当地渔业、边防等部门组织渔民采取转移、隔离、回收等应对措施，力争把鲍鱼产业损失降到最低。

2.化学法见效快

化学法治理赤潮是利用硫酸铜、漂白粉、次氯酸钠等杀藻剂来杀灭藻类细胞，具有见效快的特点。最早使用的杀藻剂是硫酸铜，但硫酸铜易溶于水，在使用过程中极易因杀藻剂局部浓度过高而对渔业生产产生危害，同时硫酸铜等传统杀藻剂在海水的波动下迁移转化速度过快，导致药效持久性差，还容易引起铜的二次污染。近年来研制的新洁尔灭、碘伏和异噻唑啉酮等有机杀藻剂，具有药效持续时间长、对非赤潮生物影响小等优点，逐渐取代传统杀藻剂而被应用于杀灭和去除赤潮生物。然而，由于化学制剂杀藻效果有待进一步提高，使用费用又比较昂贵，还容易导致二次污染，在赤潮的实际治理工作中，化学法的应用还存在一些待解决的问题。

3.生物学法有潜力

生物学方法治理赤潮主要包括三个方面。其一，可利用浮游动物和海洋滤食性贝类对赤潮生物的摄食作用来去除赤潮藻。硅藻和甲藻等很多赤潮藻是浮游动物和滤食性贝类的重要食物来源，而在某些海域，研究者发现桡足类浮游动物能够完全摄食掉暴发性增殖的有害藻类，大大缩短赤潮持续的时间。其二，可利用高等水生植物对营养盐和光照的竞争作用，来抑制藻类的生长。除了通过争夺营养盐和光照而抑制藻类生长外，很多高等水生植物的根、茎、叶、花、果实或种子中还含有对藻类生长具有抑制作用的代谢产物，这些代谢产物能够通过茎叶挥发、根系分泌或淋溶等方式释放到周围环境中。因而，在赤潮高发海域人工培植高等水生植物，对于赤潮的预防和治理均有益处。其三，可利用微生物来控制藻类的生长。由于微生物具有极强的繁殖能力，因而采用微生物来控制赤潮藻的过度增殖，已成为生物学法治理赤潮领域中最有潜力的一种方法。可用于治理赤潮灾害的微生物包括能够释放抗生素或抗生素类物质而抑制藻类生长的真菌、能够快速繁殖且传染性极强的病毒和能够裂解藻细胞而表现出杀藻效应的细菌等。尽管生物学方法治理赤潮灾害的具体操作还在实验探索中，但由于生物学方法具有高效、选择性高和对环境友好等优点，在物理学和化学方法治理赤潮效果不理想的情况下，生物学控藻的方法吸引了越来越多关注的目光。

第三章◎

警惕"海洋杀手"石油污染

石油是现代人类文明的支柱，它在我们的生活中几乎无处不在，成为了人类最"亲密的朋友"。然而，一旦这个"亲密的朋友"失去控制，就会造成灾难性的后果，成为名副其实的"海洋杀手"，污染海水水质、毒害海洋生物，对海洋环境造成巨大的影响。

1989年3月24日，装载有大量原油的"埃克森·瓦尔迪兹号"油轮在美国阿拉斯加州附近海域触礁，3.4万吨原油流入阿拉斯加州威廉王子湾，引发了几乎是世界上最严重的石油污染事故。事故造成了灾难性的后果，3200公里的海岸线被石油污染，28万只海鸟、2800只海獭、300只斑海豹、250只白头海雕以及22只虎鲸死亡，事后焚化遇难海洋动物尸体竟花费了半年时间，焚化后的油浸物质达5万吨之多，繁荣的阿拉斯加地区的鲱鱼产业一度崩溃。事故发生20年后，这次石油污染事故对阿拉斯加地区的海洋生态、渔业和社会造成的影响仍未彻底清除。

第一节 人类如何创造了"海洋杀手"

据统计，世界上每年由于人类活动而排入海洋的石油污染物约600万吨，而仅我国每年就有10万吨石油排入海洋。不得不说，正是人类自己创造了这个残酷的"海洋杀手"。那么，这些海洋石油污染具体是怎么形成的呢？海洋石油污染的方式多种多样，既有像大型油轮溢油事故、海上石油钻井平台爆炸或井喷等一次性大规模污染，也有像天然海底石油的自发排放、含油沉积岩遭侵蚀后渗出、含油废水排放、含油废气沉降等缓慢的长期污染。这些污染除少部分是自然原因所导致外，大部分是由人为因素造成的。

一、频繁的海上石油运输是海洋石油污染频发的主要原因

石油资源主要集中在北非及西非几内亚湾沿岸和大陆架海底、中东波斯湾沿岸和波斯湾海底、东欧与苏联、我国西北部、美国墨西哥湾等地区。然而石油的主要消费地如欧洲工业区、北美及太平洋西部地区等却远离其主产区。因此，大量的石油需要从产地运往其主要的消费地。频繁的海上石油运输是海洋石油污染频发的主要原因。

我国的石油消费量年均增长6.66%，而同期我国石油的产量年均增速仅为1.75%。随着我国经济的快速发展，我国对石油的需求量不断增加，但我国自

图3-1 "埃克森·瓦尔迪兹号"油轮溢油事故中死亡的海鸟和虎鲸

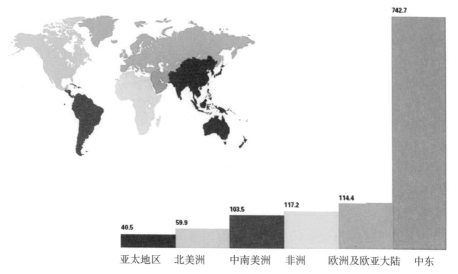

742.7

114.4

117.2

103.5

59.9

40.5

亚太地区　　北美洲　　中南美洲　　非洲　　欧洲及欧亚大陆　　中东

图3-2　2006年探明的世界石油储量及分布

身的石油产量明显不足，石油消费依靠大量进口。最新出版的美国《外交政策》杂志发布报告称，初步数据显示，中国已经超过美国成为全球最大的石油净进口国。预计我国未来的石油进口也将持续增长，为我国海洋环境留下污染隐患。

二、大型油轮为大规模石油污染埋下隐患

2012年3月13日，载有140吨剩余燃油及7000吨浓硫酸的韩国籍"雅典娜号"化学品船在我国广东汕尾碣石湾海域因船舶压载舱进水导致船体倾斜沉没。事故导致事发海域间断出现薄油膜，海水中石油类含量最高达到1.23毫克/升，超过第一、第二类海水水质标准值23.6倍。

2012年3月15日，载有1100余吨剩余燃油及100个集装箱农药的新加坡籍"巴莱里号"集装箱船在福建省兴化湾外、南日岛东北部约7海里海域触礁搁浅，船体发生断裂，部分装有剩余燃油的集装箱散落入海。事故导致事发海域出现大面积油膜及油块，在海面持续漂浮了13天。海水中石油类含量最高达到0.3毫克/升，超过第一、第二类海水水质标准值5倍。

油轮的吨位越大，其运输成本也就越低。因此，自海上石油运输开始的第一天起至今，油轮的吨位越来越大。1967年，世界上第一艘25万吨以上的

超级油轮诞生。截至今天，全世界已拥有3500余艘万吨级以上的油轮，并且其数量还在不断增加，这些超级油轮所输运的石油占到了全部运输量的一半以上。"耐克·诺维斯号"是世界上最长的船只，也是最长的人工制造水面漂浮物，船长超过1/4英里，比横躺下来的埃菲尔铁塔还长。这些运输大量石油的巨型油轮就像一颗颗移动炸弹，一旦出现问题，随时都可能引爆，给海洋生态环境带来灾难性的损害。

图3-3 "巴莱里号"事故现场

图3-4 海上巨人"耐克·诺维斯号"

三、海上石油钻井平台井喷会造成一次性大规模海洋石油污染

2001年3月15日，巴西里约热内卢州坎普斯湾海上油田作业的P-36号钻井平台发生连续爆炸，导致150万升原油泄漏，污染方圆20公里海域。

由于管理不善等人为因素或各种其他的自然因素，石油钻井平台存在发生爆炸、井喷的危险。与此同时，在海上石油开采过程中由于工艺、管理等因素还可能造成不同程度的溢油、漏油。据统计，由于海上石油开采而排入海洋的石油每年可达到95000吨以上。目前我国已经在南海东部、西部海域和渤海海

图3-5　因发生爆炸而沉没的巴西P-36号海上钻井平台

域合资开发了13个油气田，年产原油可达2000万吨。我国海上石油开采管理相对滞后，监测与污染治理手段仍处于起步阶段，石油污染现象更为严重。

四、沿岸储油库及油码头是危害海洋生态环境的"慢性毒药"

石油是一种重要的战略资源，为了保证石油的安全供应，各国均建立了许多石油储备基地，我国沿海也建有许多储油库及油码头。这些储油库及油码头的建设给沿海石油污染防治带来了新的隐患。船舶排放的压舱水和洗舱水在船舶油污染总量中占75%。另外，油船在油码头的装卸作业也会造成一定的溢油污染，虽然污染量较小，但却是慢性长期的污染过程。

五、陆上工业含油废水进入海洋造成持续性污染

陆上含油废水种类很多，主要有炼油厂含油废水，陆地石油勘探开发采油废水，油漆厂、冶金厂、钢铁厂、冷轧厂、拆船厂含油废水，内燃机车机务段

含油废水，机电和机械加工厂废水等。其中污染最大的要数炼油厂含油废水。我国炼油厂以炼制重质油为主，工艺相对复杂，平均每加工1吨原油将会产生0.7~3.5吨含油废水。按我国现有的炼油生产能力进行粗略估计，每年产生的含油废水高达1.12亿~5.6亿吨。各种含油污水经河流进入海洋，对海洋生态环境造成持续性污染。

2012年我国主要河流携带入海的石油类物质总量

（单位：吨）

河流名称	石油类	河流名称	石油类	河流名称	石油类
长江	56331	南流江	405	钦江	91
钱塘江	1733	甬江	337	木兰溪	46
闽江	954	灌河	1215	防城江	25
珠江	9783	临洪河	590	霍童溪	25
黄河	8692	大辽河	186	晋江	141
椒江	200	双台子河	47	碧流河	10
椒江	199	敖江	130	大风江	32

第二节　历史重大石油污染事件

一、国外重大石油污染事件

　　"托雷峡谷号"油轮溢油事故。1967年3月，利比里亚油轮"托雷峡谷号"在英国锡利群岛附近海域沉没，事故船只断裂成三截，约12万吨原油倾入大海，浮油漂至法国南岸，造成大面积海水污染，污染区域达200英亩以上，使英法两国沿海的海洋生态遭到了严重的破坏，蒙受了巨大的经济损失。

　　"阿莫科·加的斯号"油轮溢油事故。1978年3月，利比里亚油轮"阿莫科·加的斯号"在法国西部布列塔尼附近海域沉没，23万吨原油泄漏，沿海400公里区域受到污染，事故导致160公里长的海滩受到污染，大量海洋生物死亡。

"Ixtoc-I"油井爆炸溢油事故。1979年6月，尤卡坦半岛墨西哥湾一处名为"Ixtoc-I"的油井突然发生爆炸，原油喷涌了近10个月，100万吨石油流入墨西哥湾，产生了大面积浮油，美国德克萨斯州一半的海岸线被石油覆盖，当地生态环境遭到严重破坏。

"埃克森·瓦尔迪兹号"油轮溢油事故。1989年3月24日，超级油轮（长约304.8米）"埃克森·瓦尔迪兹号"因船长指挥失误，偏离指定航道，在阿拉斯加州的威廉王子峡湾与水下礁石相撞，油轮船体裂开，溢油3.4万吨，3200公里的海岸线被石油污染，造成世界上最严重的石油污染事故。

"American Trader号"溢油事故。1990年2月7日，"American Trader号"单壳油轮在开往金西炼油公司海上锚泊的过程中搁浅，9458桶重质原油污染了以加利福尼亚亨廷顿海滩为起点向海1.3英里范围内的大片海域，对当地生态环境造成严重破坏。

海湾战争石油污染事件。1990年8月2日至1991年2月28日海湾战争期间，先后泄入海湾的石油超过150万吨，造成大面积石油污染。由于战争导致科威特油田四处起火、爆炸，原油顺着海岸流入波斯湾，在科威特接近沙特的海面上形成长90公里、宽16公里的油带，并以每天24公里的速度向南扩展。部分海上油膜着火，浓烟滚滚遮天蔽日，伊朗南部降下黏糊糊

图3-6 失事的"托雷峡谷号"

图3-7 海湾战争中滚滚燃烧的石油

的黑雨。海湾战争导致沙特阿拉伯的捕鱼作业完全停止，这一海域的生物群落受到严重威胁。更为严重的是，浮油层对海岸边一些海水淡化厂造成污染，使得以淡化海水作为生活用水的沙特阿拉伯面临淡水供应紧缺的困难。

"威望号"油轮溢油事故。2002年11月13日，载有7.7万吨燃料油的希腊油轮"威望号"在西班牙西北部距海岸9公里的海域遭遇风暴，船体出现35米长的裂缝，最终断成两截并于11月19日沉没。事故造成3.7万吨燃油泄漏，1000公里长的海岸线遭到污染，还有4万吨燃油伴随着船体沉入海底。

"河北精神号"溢油事故。2007年12月7日，中国香港籍超大型油轮"河北精神号"在韩国西海岸泰安郡大山港锚地锚泊期间，由于受到隶属于韩国籍失控起重驳船"三星一号"的擦碰，而导致12547吨原油泄漏，酿成了严重的环境灾难，成为了韩国历史上最严重的一次溢油事故。

美国墨西哥湾原油泄漏事件。2010年4月20日，英国石油公司租赁的美国墨西哥湾钻井平台"深水地平线"发生爆炸并沉没，海底输油导管从4月24日开始向外泄漏石油，持续时间长达十余天，每天有超过5000桶的原油泻入墨西哥湾，并迅速向美国东海岸扩散，成为自1989年"埃克森·瓦尔迪兹号"油轮溢油事件以来美国历史上最严重的原油泄漏事件之一。

二、国内重大石油污染事件

胜利油田CB6A-5井倒塌溢油事故。1998年12月3日至1999年6月25日期间，胜利油田CB6A-5井发生倒塌，井底部套管破裂，引发长达半年的重大原油泄漏事故。事故发生后，大量原油从海底浮出海面，在水中漂流。1999年3月中旬，油膜、油带已扩散到CB6A-5井周围7海里范围；5月下旬，油膜向四周扩散，污染中心区面积达250多平方公里。该起溢油事故造成直接经济损失354.7万元，间接经济损失795.48万元。

"宁清油4号"油轮溢油事故。2002年11月11日凌晨，载重量达2000吨的"宁清油4号"油轮在广东南澳勒门列岛海域触礁后爆炸沉没。这次海难损失各类石油制品950吨，直接经济损失达460多万元，并对南澳海域海水养殖区、鸟类保护区和海洋生物保护区造成严重影响。

"塔斯曼海"油轮溢油事故。2002年11月23日，装载约8万吨的马耳他籍"塔斯曼海"油轮与"顺凯1号"碰撞，原油泄漏达200多吨，渤海湾多个地区的海洋资源受到损害。

胜利油田106段溢油事故。2003年9月13日，山东省东营市胜利油田106段发现溢油，溢油量超过150吨，持续溢油26小时，受灾面积达146.7公顷，造成直接经济损失1600万元。

"MSCILONA"集装箱船溢油事故。2004年12月7日，巴拿马籍集装箱船"HVUNDAI ADVANCE"和德国籍集装箱船"MSCILONA"在珠江口发生碰撞，导致"MSCILONA"燃油舱破损，约1200吨燃油溢漏，8日中午在海上形成了长9海里、宽200米的油带，造成我国近年来较大的一次海洋污染事故。

图3-8　"MSCILONA"集装箱船溢油事故现场

大连溢油事故。2010年7月16日，大连市大连湾新港附近一艘30万吨级外籍油轮泄油引发输油管线爆炸，造成1500吨原油泄漏并引起火灾，大火持续燃烧15小时。事故至少造成附近海域50平方公里的海面污染。

图3-9　康菲漏油事件造成海滩上处处可见油块

康菲漏油事件。2011年6月，美国康菲石油中国有限公司山东半岛北部渤海蓬莱19-3油田C钻井平台发生漏油事故，导致840平方公里海水恶化成劣四类。污染面积达5500平方公里，事故直接导致河北省、辽宁省部分区县养殖生物和渤海天然渔业资源受损。

第三节　石油污染带来的灾难

一、油膜扩散造成大面积海水污染

目前，我国近海部分海域水质已受到海洋石油污染的影响。根据国家海洋局发布的海洋环境公报，2012年我国石油类含量超第一、第二类海水水质标准的海域面积约为21890平方公里，渤海、黄海、东海和南海分别为5860平方公里、2430平方公里、7720平方公里和5880平方公里，污染区域主要分布在渤海、大连

图3-10　被石油污染的海水

湾、长江口、杭州湾、闽江口、珠江口、北部湾等部分海域。

众所周知，石油比水轻，一旦进入海洋当中往往会悬浮在水面之上，形成一层油膜。油膜会随着海浪、潮汐、洋流等海洋运动四处扩散，加剧石油污染物的扩散，造成更大面积的污染。

二、有毒物质挥发污染大气环境

石油中的物质组成十分复杂，其中包含着多种易挥发的化学物质，可以扩散到空气当中，污染和毒化事发区域上空和周围的大气环境。另外，由于石油在海面形成油膜，增大了与空气接触的表面积，可以加剧有毒物质的挥发。泄漏石油对空气的这种污染作用还可能会随着风力作用扩散。

三、多种海洋生物成为直接受害者

石油可以杀死海洋中的鱼类、贝类等。石油发生泄漏进入海洋后形成的油膜覆盖在海面上，会对海洋生物造成不利影响。海湾战争中，原油被大量倾倒入海中，大量的鲸、海豚、海龟以及各种鱼类被毒死或窒息而死，成为这场战争的无辜受害者。

一方面，油膜会阻挡阳光进入海水中，影响海水中浮游植物的光合作用过程，进而导致以浮游植物为食的各类海洋生物大量死亡；另一方面，这层十分粘稠的油膜将会阻碍原本海水与空气之间的氧气交换，使海水进入"缺氧"的状态，海水中含氧量不断降低，大量的海洋生物因缺乏溶解氧供应而窒息死亡。反过来，腐烂的尸体又会进一步污染海水水质。此外，石油是一种复杂的混合物，其中含有多种对生物有毒有害的物质，能够直接毒死部分敏感的浮游生物和鱼类，并将其他一些鱼类及海洋生物驱离事故海域，造成事故海域内海洋生物数量的迅速减少。如

图3-11　数以百万计的海洋生物因石油污染而死亡

图3-12　大连溢油事故中受到原油污染的贝类

果事故发生在鱼类产卵季节，石油中包含的各种有毒物质将会对鱼卵造成毁灭性的损害，其影响难以估量。

1.海鸟成为最大的受害者

海鸟作为捕食者处于海洋生态系统食物链的顶端，成为海洋石油污染最大的受害者。海湾战争导致波斯湾的海鸟身上沾满了石油，无法飞行，只能在海滩和岩石上坐以待毙。海湾战争后，环境保护组织估计，1991年3~5月期间，波斯湾北部沿岸的水鸟数量锐减97%。

图3-13　海湾战争中受石油污染的海鸟

图3-14　海滩上受石油污染的螃蟹

一方面，海面上的石油可能会直接覆盖在鸟类的羽毛上，导致海鸟丧失防水和保温功能，冷水浸透皮肤后，鸟类会因体温过低而死亡。当鸟类用嘴清理羽毛时，一旦摄入原油中的有毒物质，会导致腹泻和脱水等中毒症状，甚至死亡。另一方面，即使海鸟不直接接触石油，但一旦捕食了受到原油污染的鱼类或其他海洋生物，蓄积在这些生物中的有毒物质就会随着食物链进入海鸟，并在其体内富集、浓缩，最终对海鸟产生危害，导致鸟类肝脏、肾脏等组织损伤，并诱导发育畸形等。

2.栖息在沙滩上的生物也难以幸免

对于发生在近岸的石油污染事故，原油可能会随着潮汐扩散至海岸的沙滩上，其中的有毒物质会直接对沙滩上的各类生物造成伤害。另外，在石油污染治理的过程中，工作人员对沙滩的清理也会不同程度地对生活在沙滩上的多毛类、昆虫类及两栖甲壳类等生物造成间接的伤害，导致物种数量及种类显著减少。

四、海水养殖业蒙受巨大损失

"塔斯曼海"油轮溢油事故导致其周边养殖户养殖的青蛤、蓝蛤、四角蛤蜊等海产品大量死亡；渔民捕捞的章鱼、白虾、琵琶虾等海洋生物因含有浓烈的油味而无法食用，众养殖户和渔民遭受严重的经济损失。受康菲漏油事件的影响，渤海湾附近养殖户遭受巨大损失，养殖池中的海参、扇贝、虾等大量死亡。2011年12月14日，4名来自河北省乐亭县的养殖户来到天津海事法院，代表107户乐亭养殖户递交诉状，向康菲漏油事件的责任方康菲石油中国有限公司索赔经济损失4.9亿余元，事件引起社会各界广泛关注。

石油污染能够抑制浮游植物的光合作用，降低海水中溶解氧的含量，使养殖对象因缺氧而死亡，并使渔业资源逐步衰退。另外，在被污染的水域，其恶劣水质也可使养殖对象大量死亡。存活下来的也因含有石油污染物而有异味，导致无法食用。鱼类和贝类在含油为0.01毫克/升的海水中生活24小时即可粘上油味，如浓度上升为0.1毫克/升，2~3小时就会有异味。因此，石油污染可能会对受害区域的海水养殖业造成毁灭性的打击。

图3-15　大连溢油事故中受原油污染的海螺

图3-16　大连溢油事故中受原油污染的海带

五、对人类健康造成间接伤害

在石油污染事故中，人类也无法幸免。泄漏的石油在环境中可以通过多种途径对人类健康造成危害。石油中含有多种挥发性的物质，会污染事故区域的环境及空气，人类吸入被污染的空气后会造成伤害。人体直接接触原油及其各类降解产物也会产生不同程度的中毒症状。根据科学家的研究，石油可以导致人体出现麻醉和窒息、化学性肺炎、皮炎等症状，一次大剂量的中毒还会引起中枢神经系统和呼吸系统的损害。人类一旦食用了被石油污染的海产品，如鱼类、贝类等，有毒物质就会通过食物进入人体，危害人体健康。

六、影响滨海旅游业

原油一旦发生泄漏，会在原本美丽的海面、沙滩上覆盖一层粘稠的、黑乎乎的石油，这些石油不仅影响原有的视觉美感，还会散发出令人作呕的刺鼻气味，让人产生厌恶感，对事故地区的旅游业造成沉重打击，使游客人数明显减少，影响旅游收入。牛津大学经济学家和美国旅游协会公布的一项研究表明，由于美国墨西哥湾石油泄漏事件，墨西哥湾沿岸地区在事件发生后3年内可能面临将近230亿美元的旅游收入损失。

图3-17　大连溢油事故重创当地旅游业

第四节　"海洋杀手"的克星

　　海洋自身对于石油等污染物具有一定的自净能力，比如在日照充足、温度较高的天气下，漂浮在海面上的油膜会加速挥发、降解；海浪拍打可以将溢油粉碎成细小的油滴，有助于石油自然分散；海洋微生物可以通过生物代谢降解石油。但是海洋的自净能力是有限的，对于大规模的石油污染事故，这种较为缓慢的自然降解方式往往达不到实际需求，需要通过其他手段加速石油污染的去除。

　　目前，人们已经开发出多种用以处理海洋石油污染的方法，包括利用工程机械对石油进行围堵，防止其进一步扩散，采用吸油材料回收溢油，向海洋中投加化学试剂加速石油降解，甚至是利用最新的生物技术改造微生物进行石油去除等。需要特别注意的一点是，如果处理方法使用不当可能会造成对生态环境的二次损伤，例如使用大型工程机械清除石油可能会破坏海岸线，向海洋中投加化学试剂存在污染海洋的危险。因此，在选择防治方案时，一定要根据不同处理方法的优缺点，针对事故的具体情况选择对环境冲击最小、最优化的去除方案，避免治污的同时破坏环境。在实际使用的过程中往往需要多种方法的搭配使用，以实现最好的去除效果。

一、机械围堵、集中和回收

目前，使用围油栏、撇油器、临时储油装置、溢油回收船等工程机械，通过物理清除的方法消除海面和海岸溢油是石油污染治理的主要手段。然而，值得注意的是，物理方法仅能对石油进行稀释、聚集、迁移，而不能彻底清除海洋表面和海水中的溶解油。

首先，利用围油栏对浮油进行围控、拦截，将浮油导向水况相对平静、对环境敏感区影响较小的水域，防止污染的进一步扩散，保护环境敏感区免受或减少污染。随后，对溢油进行集中，使其油膜变厚，便于机械回收。之后，用收油机、撇油器等设备回收海上溢油，并将回收的溢油转驳到船舶的液货仓、驳船、可拖带油罐、储油囊（槽）等海上临时储油装置。溢油回收船因配备了必要的设备和设施而无需围油栏，小型溢油回收船常用于港口和遮蔽水域的清油作业。

对于大型工程机械使用困难或使用受限的特定区域，如浅水域等，可以采用多孔径的吸油材料作为替代方式，用于吸附和吸收海洋中的溢油。吸油材料对油类具有很强的吸附能力，但是对于水分却吸收得很少。蛭石、松脂石等无机材料，花生壳、麦秆、玉米谷穗、木纤维等天然有机材料，以及聚氨酯、聚乙烯、聚丙烯、聚苯乙烯等人造合成材料都具有作为吸油材料的潜能。通常采用吸油能力作为衡量吸油材料好坏的标准，即可以吸收的油的重量与其自身重量的比，数值越高说明该材料吸油性能越好。一般而言，无机材料吸油能力在自身重量的5倍左右；天然有机材料吸油能力在自身重量的5~10倍，但其吸

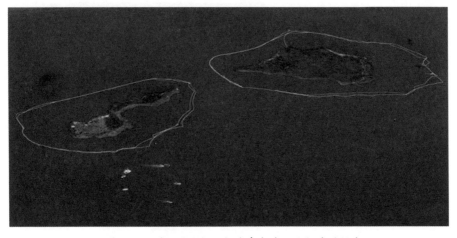

图3-18　利用围油栏保护海岛免受石油污染的侵害

图3-19 溢油回收船在清理康菲漏油事件中泄漏的油污

油后会沉向水底，对海底动植物造成伤害，在实际应用时具有很大的局限性；人造合成材料吸油能力在自身重量的20~70倍，吸油后仍可漂浮在水面，便于回收。此外，我们所熟悉的头发也具有很强的吸油能力，每公斤头发可以吸附900克油。在大连溢油事故中，头发成为了治理溢油的"新宠儿"。事故发生之后，大连理工大学等社会各界通过各种形式组织环保队伍，捐赠头发，4天内共捐赠头发500斤。

另外，科学家们也在不断利用科学技术开发新型的吸油材料。其中一个典型的例子就是膨胀石墨。膨胀石墨是普通的天然鳞片石墨经过水洗、烘干等特殊处理得到的。经过这些特殊处理之后，膨胀石墨仍然保持有天然石墨一层一层的层片状结构，但原有的层片在高温作用下发生了扭曲及不均匀的变形，各层之间具有明显

图3-20 大连市环保志愿者协会的志愿者们将头发装入丝袜内制成海面吸油缆

的缝隙，成为一种疏松的多孔性物质。由于膨胀石墨具有丰富的网状结构、很高的比表面积和少量的化学基团，因此能够有效吸附一般活性炭和活性炭纤维所不能吸附的大分子类物质。而且膨胀石墨的极性很小，易于吸附非极性或弱极性物质。根据膨胀石墨的物理特点，它不吸附水，在吸附了大量的油后，结成块状浮在水面而不下沉，便于收集。以上这些特点使膨胀石墨成为在水体环境中吸附诸如石油等油类物质的良好材料。

二、化学方法去除溢油污染

1.在可控条件下直接点燃海面溢油

利用石油能燃烧并且比水轻、能够浮在海水表面上的特点，可以通过燃烧过程清除溢油污染。海上燃烧法并不是任由溢油随意燃烧，而是在人为控制下进行的一种可控的燃烧过程。与传统的使用机械设备回收溢油相比，这种方法操作简单，不需要考虑回收溢油的储存、运输、处理等问题，并且能够在短时间内快速处理掉大规模的石油污染，因而具有一定的优越性。然而，海上燃烧法具有一定的危险性，具有二次污染大气环境的风险，在实际应用过程中很少使用。

图3-21　正在燃烧的海面溢油

此外，这种处理方式的限制因素比较多。比如，如果海况不好，海上风浪较大，海面上的石油则不易点燃；不同类型的石油点燃需要的条件也不尽相同，需要根据具体现场条件决定；而且如果溢油量比较少，形成的油膜比较薄的话，也不容易点燃。一般来讲，需要使用由耐火或耐高温材料制成的防火围油栏将溢油控制起来，增加其厚度以便于溢油点燃，同时防止溢油点燃后四处飘散，发生危险。有科学家研究发现，冰块是非常好的天然屏障，可以有效地实现围油燃烧。在冰区中，通过收油机、撇油器等器械对溢油进行回收具有一定的难度，甚至是难以实现的。而冰作为天然屏障，可将大量且足够厚度的油围住，利于有效燃烧，因此，海上燃烧法可能会在冰区有较好的应用。

2.加入沉降材料使溢油下沉到海底

通过向海中添加沉降材料，使漂浮在海面上的溢油沉降，可以达到清除溢油的目的。沉降材料多种多样，比如向沙子中加入适量的胺，使之变成亲油性泥状沙，将其洒在漂浮的溢油上就可以在短时间内使浮油结成油块并沉入海底。但是，这种方法并没有真正去除溢油污染，只是将浮在表面的溢油沉入了海底，这些沉入到海底的石油会对海底的动植物造成污染，并且这种污染将长期持续。与此同时，沉入海底的石油还有可能再次浮到海面上。因此，这种方法目前极少使用。

3.向海中喷洒化学试剂

主要是利用化学药剂改变溢油的物理性质，以便于溢油的回收处理或者减少污染危害。化学试剂法主要用于处理机械物理方法之后无法再处理的薄油层。此外，在海况恶劣的条件下，无法用机械物理方法处理时，也可作为单独的处理方法。使用的化学试剂种类主要有消油剂、凝油剂和集油剂三种。其中，消油剂是目前世界各国在处理水面溢油事故时，广泛应用的化学试剂。在不能采用机械回收或有火灾危险的紧急情况下，及时喷洒溢油消油剂，是消除水面石油污染和防止火灾的主要措施。

三、来自自然界的帮手

除了使用机械设备或向海中喷洒化学试剂来清除溢油外，我们还可以借助"来自自然界的帮手"——海洋微生物对海洋溢油进行有效的治理。早在1969年，科学家们在处理利比亚发生的油轮泄漏事故时，就开始关注微生物对溢油的降解作用。随后到1989年，美国国家环境保护局在"埃克森·瓦尔迪兹号"油轮溢油事故中，利用生物修复技术成功治理了环境污染。研究人员从受污染的海域分离出了能够高效降解石油类物质的微生物，并展开了大量的研究。随后将生物修复技术进行了推广，取得了相当大的成功。在今天，利用微生物进行溢油污染治理的生物治理技术被称为治理溢油污染的"活武器"。

目前已发现的具有海洋石油污染物降解能力的微生物共有200多种，主要包括细菌、酵母菌及霉菌，分属70余属。细菌包括假单胞菌属、弧菌属、不动杆菌属、黄杆菌属、气单胞菌属、无色杆菌属、产碱杆菌属、肠杆菌科、棒杆菌属、节杆菌属、芽孢杆菌属、葡萄球菌属、微球菌属、乳杆菌属、诺卡氏菌属等40个属；酵母菌包括假丝酵母属、红酵母属、毕赤氏酵母菌属等；霉菌的种类较前两种少，主要有青霉属、曲霉属、镰孢霉属等。在适宜的海洋环境中，石油降解菌可以通过生物降解，将原油转化为无毒的水和二氧化碳以及生物自身的能量，以达到彻底清除石油的目的。生物处理法可以和其他能够加快生物自然降解的添加剂结合使用，不会对海洋环境产生明显的负面效应，不会引起二次污染。并且该方法与化学、物理方法相比，费用较小，仅为传统物理、化学修复法的30%~50%。值得特别说明的是，对于一些物理、化学方法难以使用或是生态环境极其脆弱的敏感地带（如海水养殖区、旅游区等），生物处理方法具有天然的优势，应用前景广阔。

影响微生物降解石油能力的因素包括石油的理化性质、微生物的种类及环境因素（包括温度、氧含量、营养源及陆源污染物等）三个方面。其一，一般来说，微生物对于不同类型的原油降解能力是不同的，对于液态的、分散的溢油往往具有较好的降解效果。其二，不同种类的微生物降解石油的能力也有所区别。在实际应用过程中，往往采用多种微生物共同进行清污工作，比单一使用一种微生物的效果要明显。目前，科学家们正利用生物工程技术对微生物进行"改造"，从而制造出能够高效清除溢油的"超级石油降解菌"。其三，各种环境因子对微生物的降解能力也起到很大的影响。如温度较高时，微生物的新陈代谢速度会明显加快，微生物大量繁殖，溢油的生物降解速度显著提高；海水中溶解氧的含量越高，溢油分解的速度越快；海水中的营养盐成分较高时，可以为微生物提高营养原料，加快溢油的清除。当出现大规模溢油事故时，溢油形成的油膜往往比较厚，会导致海水中的氧气和营养盐的含量不足，影响微生物的生长与繁殖，微生物降解溢油的净化作用就会受到影响，溢油处理效果大打折扣。一般来说，可采用添加氮、磷营养盐，使用消油剂和接种石油降解菌的方法加快原有海域的自然降解过程，以达到快速清除溢油的目的。消油剂能够改变海面溢油的物理形态，加速溢油分散成小颗粒并溶解于水中的过程。溶解于水中的小颗粒溢油则可以更快地在微生物、光、热等条件下降

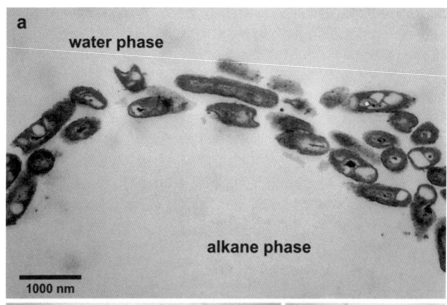

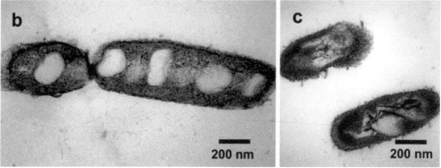

图3-22 在"埃克森·瓦尔迪兹号"油轮溢油清理过程中发挥重要作用的杆状细菌

解、消散。但由于投加的消油剂可能具有毒性，并且易于在环境中积累，因而也存在一定的风险性。而向事故海域引入高效工程菌可能会引起生态和社会问题，不同学者对是否应该投入高效微生物以及高效微生物是否在生物修复中起作用意见不一、分歧较大。科学家们发现，在人为地外加营养元素的条件下，微生物能够十分有效地清除海洋中的溢油，并且不会对海洋生态系统造成危害，不会产生富营养化现象。因此，在溢油海域添加营养盐是加快石油降解的有效方法。

第五节　海洋溢油事故处理的典型实例

一、"American Trader号"溢油事故

1990年2月7日下午，美国加利福尼亚州附近海域发生油轮漏油事故。发生泄漏的是一艘名为"American Trader号"的单壳油轮，这艘开往金西炼油公司的油轮在海上锚泊过程中发生搁浅，其右舷1号边舱被刺穿，致使9458桶重质原油泄漏入海，原油污染了以加利福尼亚亨廷顿海滩为起点向海1.3英里范围内的大片海域。事故发生之后，石油从船体破损处快速泄漏，并在风力的影响下，沿着搁浅地点向西北方向逐渐漂移。更为糟糕的是事发第二天，风向改变导致大部分溢油漂离海岸，溢油污染存在进一步扩散的风险。随后的5天，在风力的继续影响之下，污染范围进一步扩大，漂移的溢油形成了长达22.5公里的油膜。在一些溢油污染较重的区域，油膜的厚度甚至达到了惊人的35.6厘米。当地的生态环境遭到了严重的破坏。

事故发生之后，事故船只立即启动了应急预案，在美国海岸警卫队（海上安全办公室）的指挥下，船只向水深更深的区域移动了1.6公里。当地政府迅速组织抢险人员使用机械设备将事故船只上剩余的原油转载至其他船只，并对右舷1号边舱的破损部位进行临时修补，避免原油的进一步泄漏。原油的转移工作持续了两天，一直到2月9日，剩余的原油才被全部转运到驳船上。至此，原油泄漏已基本被封堵住。

与此同时，对于已经泄漏的原油进行了应急处理，主要是对其进行围控处置，以防止其进一步扩散。为避免溢油污染国家野生动植物保护区等生态敏感区，工作人员在海岸带和河口布设了大量的围油栏。为了确保阿纳海姆海湾及桑塔安纳河口免受溢油污染影响，工作人员在这些地方布设了特殊的双层围油栏，在第一道围油栏的后面还补充投放了大量的小型撇油器及吸油拖栏，用于收集那些越过第一道屏障的溢油。波尔萨奇卡沼泽地等沿岸湿地也是此次布设围挡的重点区域，工作人员在这些湿地的浅水道口都布设了吸油拖栏。同时，考虑到溢油有可能随着河流进一步扩散，当地水利部门的应急抢险人员在靠近事发地区的桑塔安纳河上修建了简易的土坝，并配合使用吸油毡等设施，以阻

挡溢油污染周边敏感地区。但是，在2月17日发生了突发情况，瓢泼的大雨冲垮了简易的土坝，虽然工作人员对土坝进行了快速的应急修复，但是仍有部分溢油越过土坝进入了周围湿地。幸好抢救及时，进入湿地的原油量并不多，工作人员用吸油毡即清除了这些原油，周围湿地仅受到了很小的损害。事故后的修复评估报告表明，早期的围油栏、土坝、吸油毡等应急围控措施是十分必要的，它们起到了非常重要的作用。

海面上的溢油回收主要依靠大规模的溢油回收设备。美国海军提供的7套Ⅴ级撇油器、美国海岸警卫队提供的2套大型开阔水域溢油围控和回收系统、清洁沿岸水域和清洁海洋溢油合作组织提供的3套大型海用型撇油器、超过10余台的一般撇油器及20余艘围油栏拖船均参与了此次长达10天的海面溢油回收作业，共回收乳化油和水14000桶，超过25%的泄漏原油得到了有效回收。在溢油回收过程中，当地政府也曾考虑过使用化学消油剂进行处理，但因事发海域水较浅而最终作罢。

溢油事故发生后，仍有部分海滩受到了石油污染。对于海滩及海滩近岸的溢油，其清除方法主要是手工投放吸油栏、吸油毡和手工清除油污。采用这样的清污方法主要是为了避免使用重型工程机械而加速海岸线侵蚀，并避免海滩表面遭受破坏。对于还未上岸的溢油，首先采用吸油栏对浪击区的油污进行围控，然后利用拖船将其收集回收。但是当地恶劣的天气条件给回收工作带来了困难。2月13日，一场突如其来的风暴将乳化油和油泥等污染物吹到了附近一些裸露的岩石岸线、断壁和码头上，致使这些地区也遭受到了严重的污染。工作人员立即采取应对措施，采用吸油材料和真空车对散落的油池进行回收，并用热水对岩石表面进行进一步的冲刷和喷洒。在对岩石表面进行热水冲刷和喷洒的过程中，十分注意水温的控制，避免水温过高导致生活在岩石上的生物受到损害甚至死亡。岸线的清洗作业一直持续到4月3日。为了确保公众健康，美国环保局对每处受污染海滩的沙子都进行了碳氢化合物浓度检测，检测合格并确认不会对人体造成损害后才对公众重新开放。

事故导致了当地许多鸟类受到污染，其中以沿岸物种棕色鹈鹕受灾较为严重。棕色鹈鹕是一种习惯潜水的鸟类，这种习惯潜水的习性导致其很容易沾染上漂浮在海面上的溢油。一些受污染比较严重的棕色鹈鹕，甚至全身都会覆盖上一层原油。在此次事故中，受到污染的棕色鹈鹕共计141只，死亡68只。为对这些鸟类进行保护及救治，分别在特米诺岛和亨廷顿海滩建立了鸟类疗养中心和鸟类救护中心，聘请了权威的鸟类专家和政府部门的专业人员进行管理，并且有大量当地的民众参与进来担任工作人员。受到污染的鸟类先在亨廷顿海滩鸟类救护中心进行初步清洗，然后送到特米诺岛鸟类疗养中心做进一步的清洗和疗养，经过救治康复的海鸟被送往别处放飞。事故期间，一共有1017只海鸟得到救治。

二、"河北精神号"溢油事故

2007年12月7日，中国香港籍超大型油轮"河北精神号"在韩国西海岸泰安郡大山港锚地锚泊期间，受到韩国籍失控起重驳船"三星一号"擦碰，导致原油泄漏。"河北精神号"左舷1号、3号、5号三个货油舱受损，约有12547吨伊朗轻原油泄漏。溢油事故发生地距泰安郡大山港约10公里，距韩国首尔西南150公里。泰安郡位于朝鲜半岛的西海岸，处于一个三面环海的泰安半岛上，拥有长达530.8公里的海岸线，沿岸有30多个漂亮的海滩，以景色优美而闻名。1978年，泰安郡设立了一个面积达326.57平方公里的海岸国家公园——泰安郡国家公园，是韩国唯一的海岸国立公园，也是候鸟重要的摄食场所。"河北精神号"溢油事故形成长达7.4公里、宽达2公里的油污范围，150公里的韩国西海岸线受到影响，成为了韩国历史上最严重的一次溢油事故。

事故发生后，首先对油轮溢油进行控制。由于受到驳船撞击影响，"河北精神号"向右舷倾斜5～7度，所以在右舷第2、第4号油舱位置增加压舱物，以平衡船体，缓解原油从左舷油舱的泄漏，并利用机械将左舷第3、第5号油舱内的石油转至中间和右舷未被破损的油舱中。应急措施发挥了成效，原油泄漏明显减缓。但由于恶劣的天气及海况，船舶受到涌浪冲击摇摆不停，导致1号油舱仍在漏油，3号油舱也间歇性漏油，直到原油被全部转移后才停止泄漏。

与此同时，在"河北精神号"周围部署了围油栏，以防止溢油的进一步扩散。随后采用机械方法和化学方法对海面上的溢油进行了清理。为了应对恶劣的天气条件，采用了特制的7.5公里长的浮栅阻隔油污，并派出28艘船只清除油污及喷洒消油剂。但因海面上形成了许多粘度很高的沥青球，

图3-23 "河北精神号"溢油事故中被原油覆盖的冬季候鸟凤头鸊鷉

图3-24 参加"河北精神号"溢油事故清理工作的志愿者

消油剂对其不起作用。溢油事故第二天,天气好转,得以使用机械方法进行连续多日的清污作业。清污开始阶段,使用堰式撇油器、粘附式撇油器和鼓型撇油器回收溢油的效果均不理想,最后经多次比较选择了一种新型撇油器,取得了良好的清污效果。在12月7日到次年1月3日的28天时间里,共回收溢油1780吨,回收固体废料216吨。

由于受到强劲的西北风和海流的影响,事发第二天,一条黑色油带随潮水冲上万里浦海滩。万里浦海滩及近岸海水受到溢油污染。使用撇油器对近岸海水进行快速清污。整个清理过程持续了21天,共使用撇油器设备37个、临时存油装置130个、真空吸油器430个和围油栏2980米,共回收固体废料229吨。海滩清污还招募了大量的志愿者,采用的清理工具大部分是铲子、水桶、报纸、破布和布料等简单的设备。对于沙(砂)子及较小的岩石,采用铲子和水桶进行清理,而对于体积较大的岩石,则用吸油能力强的报纸和破布进行擦拭。

溢油不仅污染了海滩,还污染了附近46个海岛。私人承包商、当地居民、陆军和海军共同负责海岛的清污作业。但是由于海岛附近地形复杂,比较难以到达,大型的工程机械无法运输到海岛上,实际的清污作业是由当地的居民利用撇油器和吸油的报纸、破布等来完成的。

另外,在溢油清理过程中还组织了一个特别行动小组,专门回收清理过程中产生的废弃物,并在受影响的海岸线附近设置临时清理点,对使用过的设备(如撇油器、靴子和其他个人防护设备等)进行初步清理,以防止二次污染。

三、美国墨西哥湾原油泄漏事件

2010年4月20日，位于美国路易斯安那州墨西哥湾近海的一处半潜式钻井平台"深水地平线"，因石油或天然气突然喷发导致压力控制系统失效而发生爆炸。爆炸发生后，钻井平台发生近10度倾斜，随后沉入海底。原油源源不断地从1500米深的两条输油导管溢出，每天约有5000桶原油流入大海，共有1万多吨原油泄漏。泄漏的石油形成了一条长达100公里的溢油带，污染海域面积达5200平方公里。受溢油事件影响，路易斯安那州、阿拉巴马州及佛罗里达州的部分地区进入紧急状态，受石油污染海域实施了为期10天的"禁渔令"。

与一般的油轮碰撞事故导致溢油不同的是，油轮事故造成的石油泄漏量是可以预测的，但在此次事故中海底油井发生泄漏，如果不能得到及时有效的封堵，那么其溢油量将会是个天文数字。事故发生之后，"深水地平线"的租赁方英国石油公司立即启动了原油泄漏应急方案，并使用遥控海下探测器评估油井情况。采用了多种方式（包括启用4台小型水下机器人）试图关闭应急阀门，但均告失败。还曾试图利用钢筋水泥罩罩住漏油点，但由于受到深海冰晶阻碍，计划亦宣告失败。最后，英国石油公司不得不决定钻减压井，以防止污染进一步加剧。

与此同时，出动了32艘船只和飞机清理浮油，但由于事发区域恶劣的海况及天气条件，清理工作受到了严重的阻碍。为了快速消除溢油污染，避免其漂至

图3-25 发生爆炸的"深水地平线"钻井平台

图3-26 美国墨西哥湾原油泄漏事件造成长达100公里的溢油带

图3-27　美国墨西哥湾原油泄漏事件中的"烧油行动"

美国海岸造成更为严重的生态灾难，英国石油公司及美国海岸警卫队派出多艘船舶，将浮油稠密海域的浮油围控在长约150米的防火围油栏中，向其中加入助燃剂后对其进行集中点燃。由于天气原因，回收浮油的船只难以开展工作，浮油海水燃烧的策略也难以实施。美国当局立即作出决定，使用飞机喷洒化学消油剂清除油污，整个事件中使用了超过9.8万加仑的消油剂。

在风力的作用下，浮油迅速向海岸靠近，威胁栖息有大量珍稀动物的路易斯安那州"鸟腿"三角洲和障阻沼泽一带。英国石油公司及美国海岸警卫队迅速行动，在路易斯安那州、阿拉巴马州、密西西比州及佛罗里达州等地区组织了6000名士兵以应对危机。设置了总长度达304800米的围油栏，并建立了稻草墙和防护堤坝来保护海岸。此外，加农炮也投入使用，人们希望用震耳欲聋的炮声防止鸟类进入沿岸地区，从而免受石油侵害。截至5月13日，共动用船舶526艘、人员13000名，回收油污水500万加仑。

与此同时，美国相关环保公益组织还号召墨西哥湾民众捐献头发、羊毛和动物毛皮，装进长丝袜中制成吸油材料投放到溢油区域。相关机构也组织科研人员对在灾难中受到污染的鸟类进行救治。

图3-28　美国墨西哥湾原油泄漏事件中被裹进长丝袜里的头发

第四章 ◎
呵护"鸟类天堂"红树林

　　以赤道为中心，南北回归线之间分布着一种风光旖旎、生机盎然的特殊的树林。放眼望去，有水鸟展翅其间，有游鱼畅游其中，满目尽是一片水光绿影的美景。近观则见树干卷曲、地根交错，手挽着手、肩并着肩，依依偎偎，有似仙翁观海、有如龙宫幻影，千姿百态，绚丽多彩，这里就是素有"海上森林""天然牧场""鸟类天堂"和"海岸卫士"美称的红树林生态系统。

第一节　什么是红树林

一、红树林名称的由来

红树林是生长在热带、亚热带海岸潮间带上部的常绿灌木或乔木，主要分布于淤泥深厚的海湾或河口盐渍土壤。听到"红树林"这个名字，大家不禁就会猜想，红树林是不是都是红色的？其实，红树林并不是"红色的树林"，它和其他树木从外观上看起来并没有什么区别，都是郁郁葱葱的一片，那么为什么又被称之为红树林呢？原来"红树林"一词最早来源于红树科植物木榄（在台湾称作红茄苳），这种树的木材、树干、枝条、花朵都是红色的，树皮割开后也是红色的。马来人利用这种"红树皮"的提取物来制作红色染料。后来人们发现红树科植物的树皮和木材被切割或砍伐后经常呈现红褐色（红树科植物通常富含单宁，其在空气中氧化后呈红褐色），由此得名"红树"。以红树科植物为主所组成的树林便被称为"红树林"。

图4-1　富含单宁的红树科植物

二、千姿百态的红树林植物

红树林植物多种多样，千姿百态。在红树林中，你不仅可以找到在潮间带生长的"真红树植物"，还可以发现其他一些与真红树植物略有差别的植物。

这些植物不仅可以在潮间带集群生长，还可在内陆非盐碱土地上生长，是一种特殊的两栖植物，科学家们称之为"半红树植物"。另外，在红树林的外缘还生长着一些草本植物和小型灌木，称为"伴生植物"。

1.真红树植物

真红树植物以灌木和高大的乔木为主，构成了红树林的主体，除少部分生长在内陆地区外，其余大部分均生长在海岸带附近。我国拥有真红树植物12科15属27种（含有1变种），具体包括水椰、海桑、桐花树、卤蕨、木榄、海莲、角果木、秋茄、红榄李、海漆、银叶树、白骨壤等。其中，我国发现并命名的真红树植物有3种，分别是尖瓣海桑、厦门老鼠簕及海南海桑。

水椰是棕榈科、水椰属的一种常绿乔木，也是唯一能在水中生长的棕榈科植物，因其外形很像陆生的椰子，且又生长在水中，所以被形象地称作"水椰"。水椰生长在海湾河口处的淤泥质滩涂，具有十分特殊的水平生长的根状茎，其果实主要通过水流传播。水椰还是典型的热带海岸孑遗植物（又称活化石植物，绝大部分由于地质、气候等原因而灭绝，只存在很小的范围内），据说水椰原本生长在英国伦敦一带，地壳板块运动导致欧亚板块北移，曾是热带、亚热带气候的伦敦气候变冷，致使水椰分布范围大大缩小，几乎灭绝。在我国，水椰仅在海南省东寨港、清澜港和万宁有天然分布，属我国三级保护植物。

图4-2　水椰的果实（左上）、全树（左下）及花序（右）

海桑是海桑科、海桑属的一种灌木或乔木，它生长速度较快，是我国于20世纪80年代从国外引进的树种。目前，海桑在我国主要分布于海南省文昌、琼海、万宁等地。

桐花树是紫金牛科、桐花树属的一种灌木或小型乔木，在我国海南、广东、广西、香港、澳门及台湾等地均有广泛分布。特别值得一提的是，桐花树的花是一种非常优质的蜜源，可以用来养殖蜜蜂。

2.半红树植物

半红树植物在我国分布有9科10属11种，包括玉蕊、海芒果、水芫花、海滨猫尾木、莲叶桐、水黄皮、黄槿、杨叶肖槿等。

玉蕊是玉蕊科、玉蕊属的常绿乔木，主要分布于非洲、亚洲和澳洲的热带、亚热带地区，在我国海南、台湾也有天然分布。玉蕊树高可达10米，夏季开花，花瓣清新淡雅，呈淡红色，花丝呈白色或粉红色。其卵圆形的果实十分轻巧，可以借助水流的力量传播。

海芒果是夹竹桃科、海芒果属的一种常绿小乔木，在我国海南、广东、广西、台湾和香港等地有天然分布。海芒果树高4~8米，叶大花多，花朵白色美丽，植株姿态优美，是一种观赏性很强的树种，在园林美化方面具有很多应用。但需要特别注意的是，海芒果全树富含剧毒，少量误食即可致人死亡。

图4-3　海桑的花（上）、果实（中）及全树（下）

图4-4　桐花树的花蕾（左上）、全树（左下）及花（右）

图4-5　玉蕊的花（左）及果实（右）

图4-6 海芒果全树（左）、花（右上）及果实（右下）

图4-7 水芫花的花（左）与肉质叶（右）

图4-8　假茉莉的花朵

图4-9　海刀豆的果实（左）与花（右）

水芫花又称海芙蓉、水金惊，是千屈菜科、水芫花属的一种常绿灌木或小乔木，在我国主要分布于台湾南部、海南岛及西沙群岛等地。水芫花主要生长在高潮线以上的岩石缝隙、沙质堤岸或珊瑚礁缝隙中。

3.伴生植物

红树林中常见的伴生植物有马鞭草科的假茉莉、豆科的海刀豆、草海桐科的草海桐、白花菜科的鱼木及禾本科的芦苇等。

假茉莉是南方沿海防沙造林的主要树种，其花朵白色艳丽、香气扑鼻，其根、茎、叶均可入药，用于治疗跌打损伤、流感、疥癣、疮痈、疟疾、肝炎、湿疹等。

海刀豆是一种攀缘类的藤本植物，属于蝶形花科、刀豆属，其长度可达30米。海刀豆的豆荚和种子有毒，人误食后会出现头晕、呕吐等症状，严重者可致昏迷。

三、奇趣的红树林

1.奇趣的"胎生现象"

经过数千万年的进化，为了应对海岸带高盐、水淹、土壤缺氧和潮水冲击等特殊的生存环境，红树林植物产生了许多不同于陆生植物的有趣现象，其中给人印象最深的当属红树林植物的"胎生现象"了。胎生不是哺乳动物专有的名词，红树林植物先发芽、再生根的繁殖方式也被称作"胎生"。红树林植物的果实成熟之后，并不是像其他植物一样在重力作用下直接脱离母树，而是继续萌发生长出绿色的笔杆状胚轴，等胚轴成熟后才离开母树落入海水或淤泥当中。成熟的胚轴具有十分明显的特征，就像一根一头尖尖的笔，上端胚芽轻且细，与之相对应的下端胚根则重且粗。因此，一旦胚轴落入水中，较轻的胚芽便会朝上浮在水面上，而较重的胚根会朝下浸没在水中，随海水四处漂流。退潮后，胚根在重力作用下插入淤泥之中，如果条件适宜很快就能扎根生长，形成新的植株，这就是所谓的"胎生现象"。对于未能及时扎根的个体，大家也无须担心，由于富含单宁，其既可以在海水中浸泡长达数月，又能避免软体动物及甲壳动物的侵袭，直

图4-10　秋茄（左上）与木榄（右上、下）的胚轴

到在几千里外的海岸找到合适的环境才扎根生长。

2.特殊的根系

漫步在红树林中，你会发现许多裸露在空气中的粗大树根，它们形态各异、妙趣横生，可谓是鬼斧神工，这就是红树林特殊的根系。秋茄等植物的根在滩涂表面横向生长形成"板状根"；木榄等植物的根从主茎上长出形成"支柱根"；海桑等植物的根还能从底泥中伸出向上生长，形成"呼吸根"；木榄在其根部还具有伸出淤泥表面的弯节，形成"膝状根"。这些形形色色的特化的根系都是红树林对海岸带环境的适应：板状根和支柱根有助于红树林在疏松的滩涂表面固定，抵御风浪的冲击；呼吸根和膝状根表面分布有大量气孔，有助于气体交换。除了特殊的形状，根系中用于疏导水分的导管也出现了特化。导管以细长型为主，且分布的密度特别高，这种特化可以保证红树林植物在盐碱环境中充分吸收水分，并且在风浪的冲击之下不容易发生倒伏。

除此之外，由于热带、亚热带海滩阳光强烈，土壤富含盐分，大多数的红

图4-11　红树林植物的"板状根"

图4-12　红树林植物的"支柱根"

图4-13　红树林植物的"呼吸根"

图4-14　红树林植物的"膝状根"

树林植物具有适应干旱环境和泌盐的生理结构。红树林植物叶片通常比较厚，其表面多覆盖有光亮的革质，表皮组织有厚膜而且高度角质化，可以反射阳光。叶片背面短而紧贴的茸毛可以避免海水进入，贮水组织和泌盐腺体可以排出大量的盐分。

图4-15　红树林植物叶片表面分泌出的盐粒

四、人类共同的财富

红树林生态系统不仅动植物种类极多、物产丰富，是一座珍贵的资源宝库，而且还具有保护海岸、防灾减灾、水土保持等重要的生态功能。科学家曾对红树林的功能价值进行过评估，全球红树林每年提供的功能价值超过16亿美元，平均每公顷可提供达1万美元的功能价值。如果将红树林自身的木材、药用价值及景观生态价值等附加价值计算在内的话，那么红树林的综合价值还将超过这个数字。不得不说，红树林是我们人类的一笔宝贵的财富。

1.丰富的动植物资源

生长在热带、亚热带地区的红树林拥有丰富的食物饵料，并能够为动物提供适宜的栖息地、索饵场及产卵场，因而吸引了包括海洋大型底栖动物、无脊椎动物、鱼类、哺乳动物、鸟类和附生植物在内的众多生物。这些生物在这里栖息繁衍，使红树林成为地球上生物多样性最高的生态系统之一。目前，在红树林中发现了超过55种大型藻类、96种浮游植物、26种浮游动物、300种底栖动物、142种昆虫、7种爬行动物及10多种哺乳动物等。在我国防城港红树林发现过多达67种的大型甲壳纲动物，在越南堪吉奥红树林发现过多达103种鱼类。生活在红树林水体中和淤泥表面的弹涂鱼便十分有趣，它们个体很小，却有一双大眼睛。这些动作类似蛙类的弹涂鱼，一生大部分的时间都离开水体而在淤泥上

图4-16　生活在红树林中的蟹类

图4-17 有趣的弹涂鱼

图4-18 国家一级保护动物儒艮

爬行，有时甚至会爬到红树林的树根上，它们靠强有力的胸鳍"走动"或靠尾部和尾鳍提供的冲击力完成一系列的"飞跃"或"跳跃"动作，因而也被称作"泥上飞鱼"。栖息在广西山口红树林自然保护区外侧的儒艮属国家一级保护动物，因其在哺乳时用前肢拥抱幼仔，头部、胸部会露出水面，宛如人在水中游泳，故有"人鱼"之称。

图4-19 生活在马来西亚巴哥国家公园红树林中的长鼻猴

红树林还是全球水鸟迁徙的重要"停歇地""中转站""加油站"和"繁殖地"，是各种鸟类最理想的天然乐园。国际迁移候鸟每年从遥远的北方经过我国南海飞往澳大利亚，红树林生态系统能够为这些国际候鸟

图4-20 红树林中拍摄到的白喉红臀鹎

提供觅食、停歇和栖息的场所。目前在我国红树林可以观察到鸟类17目39科201种，其中国家一级保护鸟类2种，国家二级保护鸟类22种。在泰国桐艾府红树林发现过多达98种的鸟类。

2.污水净化与天然绿肺

红树林植物的根系就像滤网一样，可以发挥净化水质的作用。另外，部分红树林植物还能够富集水体中的重金属，具有去除水体重金属污染的功能。红树林植物大多为高大的乔木，且生物量较大，每天能够吸收大量的二氧化碳等温室气体，其固碳能力甚至比同纬度的陆地森林和热带雨林还要高，因此也被称为"天然绿肺"。

3.保护海岸，防灾减灾

红树林发达的根系盘根错节，能够减缓水流、促淤保滩，有效地将泥沙固定在海岸带边缘，宛如一道绿色长城，实现水土保持、防风固沙、防浪护岸的功能。1985年9月22日，强台风袭击广东省雷州半岛，遂溪县团结围堤全线崩溃，但其紧邻的斗伦堤因受到约百米宽的红树林带保护而免遭损害。在1997年的一场强大台风中，广西北海市合浦县沙田镇10多条渔船在海面上翻沉，20多名渔民死亡，有几十条渔船因躲进附近的红树林里而幸免于难。2008年9月24日，珠海市遭到16级特大台风"黑格比"的袭击，市区内多处钢筋混凝土路面遭到破坏，邻近的淇澳岛大围湾却因有茂密的红树林保护而安然无恙。可以说，红树林抵挡海啸飓风的能力远胜于任何人类工程。

4.较高的经济价值和药用价值

红树林生态系统中的动植物具有较高的经济价值，可以为人们的生活提供便利。如红树皮提取的单宁可用来制革，海桑、桐花树是很好的造纸原料，桐花树、角果木、海莲、木榄等植物的花可以用于养蜂采蜜，白骨壤、木榄和秋茄等植物的树叶可作为牛羊等家畜的饲料。另外，木榄、海莲、老鼠簕、海漆、角果木、秋茄、海桑和白骨壤等还具有很高的药用价值。例如，木榄和海莲的果皮和叶可以用于止血和控制血压，老鼠簕是生产治疗乙型肝炎特效药的原料，海漆的树叶可以用于减缓牙痛，许多红树林植物的果汁还可以减轻风湿病的疼痛等。

5.教育旅游的理想场所

红树林景观风景如画，游人在此可观赏到"落霞与孤鹜齐飞、秋水共长天一色"的自然美景，经过适当的设计与管理，红树林可以成为十分理想的教育旅游场所。目前我国已开通了多处红树林风景旅游区，包括海南东寨港红树林风景区、广西山口红树林旅游区等。其中海南东寨港红树林风景区自1980年以来，接待了来自全球20多个国家和地区的专家和游客。

第二节　处在危机边缘的红树林

一、世界与我国红树林的主要分布

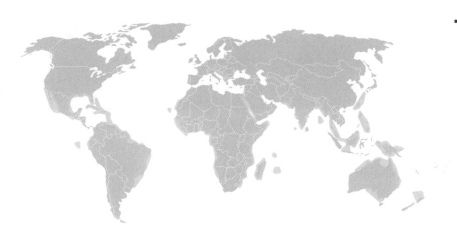

图4-21　世界红树林分布情况

2010年，联合国环境规划署发布了全球首份全面评估红树林湿地环境现状的综合报告。根据这篇题为《世界红树林版图》的报告，世界范围内目前约有红树林160万公顷，主要分布在南北纬25度之间的区域，其中以印度洋和西太平洋海岸带附近最多，约占世界红树林总面积的20%。世界上最大的天然红树林分布区是位于恒河三角洲南部沿海的松达班地区。

我国虽然幅员辽阔，海岸线绵长，但红树林资源总量相对较少。根据林业数据库资料，2011年我国仅有红树林2.2万公顷，不足世界红树林总面积的1.4%，主要分布于广西、海南、福建、台湾、浙江、香港及澳门等地区。我国红树林自然分布的最北界在福建省福鼎市，而我国人工种植红树林的最北界则位于浙江省乐清市。

广西壮族自治区是我国目前红树林分布面积最广的地区，其红树林面积占我国红树林总面积的1/3，共有红树林植物14种，主要分布于合浦县、北海市、钦州市、防城港市等地。海南省是我国红树林植物生长最茂盛、植物种

图4-22　世界上最大的天然红树林分布区——松达班地区

类最多的地区，共有红树林植物35种，主要分布于海口市、文昌市、琼海市等地。福建省红树林面积较小，且种类较少，只有9种，分布于厦门市、云霄县、晋江市、莆田市等地。台湾省有红树林植物17种，主要分布于台湾省西南部沿岸。浙江省仅有引种成功的秋茄。

二、满目疮痍——红树林的破坏现状

红树林所生长的海陆交汇区属于生态脆弱带，极易受到外界环境的污染与破坏。由于人类的过度开发和利用，环境污染的不断加剧，大量的红树林资源遭到人为破坏，全球红树林资源正在急剧减少。据联合国环境规划署发布的《世界红树林版图》报道，全球红树林面积相比20世纪80年代已缩减了1/5，并仍在以每年0.7%的速度减少。红树林的不合理开发与破坏在发展中国家尤其明显。

我国历史时期红树林面积曾达到过25万公顷，但由于长期的污染与破坏，我国红树林面积不断减少。现代史上共有三次大规模的红树林破坏，包括20世纪60年代初至70年代的围海造田运动，80年代以来的围塘养殖，90年代以来的城市化、港口码头建设及经济开发区建设等。据统计，20世纪50年代我国红树林面积为5.5万公顷，进入20世纪八九十年代减少至2.3万公顷。时至今日，我国红树林面积为2.2万公顷。广西海岸曾有红树林23904公顷，到1955年减少

图4-23 孤零零"蹲"在海边的红树林植物

了2/3，而到1988年，广西红树林面积下降到最低点，面积仅占1955年的50%左右。在我国部分地区，由于围海造田、围海养殖、随意砍伐和旅游业发展不当等掠夺式的资源开发方式，红树林仍在遭受破坏，甚至毁坏殆尽。

不仅面积上有所缩减，红树林的质量也在不断下降。虽然人们在破坏红树林之后做了大量的修复工作，但仍然导致了红树林组成的变化，红树林生态系统逐渐简单化，大型的乔木也逐渐发展为较为低矮的灌木，红树林的生态效益不断降低，

图4-24 被毁坏殆尽的红树林

生态服务功能得不到应有的发挥。据统计，我国80%的红树林属于次生林，原生红树林的数量极少。这些次生红树林的生态效益与价值是不能与原生红树林比拟的。

三、红树林破坏的元凶

1.城镇化发展侵占红树林土地

随着城镇化的发展，原本属于红树林的土地不断被侵占，特别是在我国人口稠密的东南沿海地区，红树林原有的生存环境不断被挤压。有报道指出，深圳市在城市发展过程

图4-25　在城市发展中牺牲的红树林

中曾侵占红树林保护区内48%的土地，致使当地32%的红树林遭到了不同程度的破坏。

2.野蛮的围海造田损害红树林

在一些经济相对落后的发展中国家，大面积的红树林被砍伐建成水稻田、养虾池等或排干用作农业用地和居民区，给红树林带来了难以弥补的损害。印度尼西亚、苏门拉维西岛和苏门答腊

图4-26　马来西亚红树林被农田侵占

岛上大面积的红树林被砍伐，原有的土地被占用建成养虾场、养鱼池等。20世纪80年代，泰国近一半的红树林被砍倒，大多数是为了建造养虾池。在马来西亚，大片的红树林被农田侵占。我国珠海市淇澳大围湾一带，非法围垦养殖面积达117.6公顷。在广西北海，养殖户砍伐了大片红树林，并在红树林附近建

造了许多养虾池。

3.过度发展海水养殖业破坏红树林

红树林为海水养殖业提供了优越的条件，但如果海水养殖业发展不当将会对红树林造成巨大的损害，最终也会影响到海水养殖业本身。除了建造养虾池过程中肆意砍伐之外，无序无度的围海养殖还会改变红树林区潮滩水道，减少纳水面积，从而造成红树林的枯萎。且养殖废水含有大量的营养物质，会极大地影响土壤化学和微生物学特征，虽然红树林对于污染物具有一定的净化能力，但是在很多地方养殖废水的过量排放已经超出了红树林的自净能力，导致红树林受到污染。海南省海口市美兰区演丰红树林盛产一种咸水鸭，因其香浓的口味、滑而不腻的口感在市场上热销，因此当地的咸水鸭越养越多。然而，由于咸水鸭养殖缺乏科学的管理，养殖所带来的污染破坏了红树林的生存环境，水不再清澈、鱼儿成片死亡、红树林也逐渐枯萎。最终，红树林的被破坏给当地的海水养殖业带来了巨大损失，形成了恶性循环。2012年8月，受到周边2万多亩高位虾塘以及部分养猪场养殖废水的污染，海南东寨港红树林自然保护区水域水体富营养化严重，浮游生物大量繁殖，氨氮含量、浮游生物量等指标均超过第四类海水水质标准值，导致滤食性生物团水虱暴发。团水虱是一种钻孔生物，为寻求庇护，会钻入各种红树林植物的气生根内部，钻空红树林的树根、树茎，造成红树林植物死亡，致使东寨港2公顷左右的红树林遭到破坏。除了水体富营养化外，水虱大量繁殖的另一个原因是由于红树林保护区内32家养鸭专业

图4-27　高位虾塘与红树林仅一路之隔，虾塘旁的排水沟渠直通红树林

图4-28　海南东寨港红树林自然保护区内部分红树林植物出现倒伏

户密集饲养咸水鸭，大量鸭子不断觅食团水虱的天敌——泥土里的蟹类，天敌的不断减少导致团水虱的数量猛增。这些连台风都吹不倒的"海岸卫士"红树林，在水体富营养化日趋严重的形势下面临"生死困境"，高位虾塘排放的废水成为最大帮凶。

4.外来环境污染毒害着红树林的健康

生活垃圾肆意堆放，生活污水和工业废水过量排放，农药的不合理施用，种种外来环境污染慢慢毒害着红树林的健康，甚至对红树林生态系统造成毁灭性的危害。2004年，广西山口红树林自然保护区发生了严重的病虫害，600亩白骨壤在一周之内变黄枯萎，树上95%的叶子被害虫吃掉，情景触目惊心。

图4-29　广东省湛江市特呈岛成片死亡的白骨壤古树上挂满了海漂垃圾

根据专家鉴定，此次病虫害与当地逐年恶化的环境条件密切相关。各种杀虫剂的使用破坏了当地的海洋生态平衡，缺乏天敌的害虫迅速繁殖而泛滥，最终酿成了这一悲剧。广东省湛江市特呈岛上拥有红树林面积约800亩，隶属于广东湛江红树林自然保护区，其中500多株白骨壤古树为重点保护对象，也是我国最古老、最漂亮的红树林古树群。然而，由于人们在海边随意堆放生活垃圾，海水富营养化导致藻类疯长，海漂垃圾和藻类覆盖红树林的呼吸根，影响其生长甚至造成植株窒息死亡。垃圾还对红树林植物的幼苗造成直接的机械伤害，对栖息于红树林的底栖生物和鸟类造成严重影响。2013年3月

图4-30　广东内伶仃岛——福田自然保护区内长达数公里的红树林遭到塑料袋"围剿"

调查结果显示，在一段长约200米的红树林海岸带上，红树林死亡率居然高达48%。

5.外来入侵生物抢夺红树林的生存环境

生物入侵是红树林破坏的一大重要原因。目前，常见的对红树林造成危害的外来入侵生物有薇甘菊和互花米草等。薇甘菊属于多年生藤本植物，原产于中美洲，21世纪初广泛传播成为热带、亚热带地区危害严重的杂草之一。薇甘菊可以在几个月内爬满5~6米高的秋茄植株树冠，覆盖秋茄叶片，影响其生长甚至导致秋茄植株窒息死亡。互花米草为多年生草本植物，原产于美洲大西洋沿岸和墨西哥湾，目前已在福建省龙海市、云霄县、宁德市、泉州市、厦门市等地造成生物入侵，对当地的红树林造成严重威胁。十几年前，在位于龙海市的福建九龙江口红树林自然保护区，互花米草还只是零星可见，并未造成很大影响。而近年来，当地互花米草入侵大有扩散之势。云霄县漳江口，互花米草在滨海滩涂上肆意蔓延，入侵福建漳江口红树林自然保护区的秋茄群落。人们曾尝试在互花米草入侵区使用开挖隔离沟的方法保护红树林，但因互花米草繁殖能力极强，最终未能奏效。

6.薪柴采伐阻碍红树林的保护和恢复

桐花树、白骨壤和秋茄等红树林植物在我国海滨村镇常被砍伐作为薪柴使用。在许多偏远落后的村镇，这种陋习一直沿用到今天，给红树林的保护和恢复工作带来了困难。

图4-31　红树林中的外来入侵生物"薇甘菊"　　　图4-32　互花米草群落中生长纤细的红树林植物

图4-33　互花米草入侵福建九龙江口（上）和漳江口（下）红树林自然保护区

第三节　保护人类的共同财富——红树林

一、建立红树林自然保护区

　　建立红树林自然保护区是实现红树林资源有效保护、开发利用的最佳方式。目前，我国已建有各类红树林自然保护区30处，包括省级自然保护区6处、国家级自然保护区6处、县市级自然保护区18处。在自然保护区内，红树林受到严格的保护，占用红树林土地改建为农田、盐场、城市建筑区、交通运输设施、工业区以及水产养殖区等行为将遭到明令禁止。通过补植、防护、防治病虫害等措施加强对红树林的科学管理与保护。在维持和保护红树林生态系统的前提下，对红树林资源进行合理的开发与利用。

我国省级以上红树林自然保护区名录（截至2011年）

保护区名称	行政区域	面积（公顷）	主要保护对象	级别	始建时间
福建泉州湾河口湿地自然保护区	泉州市惠安县、洛江区、丰泽区、晋江市、石狮市	7009	湿地、红树林、珍稀鸟类、中华白海豚和中华鲟等	省级	2002年
福建漳江口红树林自然保护区	漳州市云霄县	2360	红树林生态系统和东南沿海水产种质资源	国家级	1992年
福建九龙江口红树林自然保护区	漳州龙海市	420	红树林生态系统	省级	1988年
广东内伶仃岛—福田自然保护区	深圳市宝安区、福田区	815	猕猴、鸟类、红树林湿地生态系统	国家级	1984年

97

第四章　呵护「鸟类天堂」红树林

（续表）

保护区名称	行政区域	面积（公顷）	主要保护对象	级别	始建时间
广东珠海淇澳—担杆岛红树林自然保护区	珠海市	7363	红树林	省级	1989年
广东湛江红树林自然保护区	湛江市	19300	红树林生态系统	国家级	1990年
广东南万红椎林红树林自然保护区	汕尾市陆河县	2486	红树林	省级	1999年
广西山口红树林自然保护区	北海市合浦县	8000	红树林生态系统	国家级	1990年
广西北仑河口红树林自然保护区	防城港市防城区、东兴市	3000	红树林生态系统、滨海过渡带生态系统、海草床生态系统	国家级	1990年
广西茅尾海红树林自然保护区	钦州市	2784	红树林生态系统	省级	2005年
海南东寨港红树林自然保护区	海口市美兰区	3337	红树林生态系统及珍稀水禽	国家级	1980年
海南清澜港红树林自然保护区	文昌市	2948	红树林生态系统	省级	1981年

海南东寨港红树林自然保护区。海南东寨港红树林自然保护区位于海南省海口市美兰区东北部的东寨港，成立于1980年1月，是我国建立的第一个红树林自然保护区。

广西山口红树林自然保护区。广西山口红树林自然保护区位于广西北海市合浦县东南部沙田半岛东西两侧，面积8000公顷，是我国大陆海岸发育较好、连片较大、结构典型、保存较好的天然红树林分布区，已被联合国教科文组织正式批准为世界生物圈保护区网络成员。保护区拥有红海榄、秋茄、木榄、桐花树等红树林植物12种。这里的红树林，特别是连片的红海榄纯林在我国已极为罕见，十分宝贵。

广东湛江红树林自然保护区。 广东湛江红树林自然保护区于1990年批准建立，呈带状散式分布在广东省西南部的雷州半岛沿海滩涂上。保护区面积19300公顷，主要保护对象为红树林生态系统。保护区拥有红树林植物12科16属17种，是除海南岛外我国红树林植物种类最多的地区。此外，保护区内拥有数量和种类众多的鹳类、鸥类、鹭类等水禽及其他湿地动物。

二、依法保护红树林

红树林为人类社会所提供的生态价值和社会经济价值目前已被广泛认可，但不科学的经济发展模式使得红树林的污染与破坏行为仍在继续。因此，建立健全有关红树林保护的法律法规，促进红树林的保护和管理逐步走向规范化、法制化和制度化，显得尤其重要。

图4-34　海南东寨港红树林自然保护区

图4-35　广西山口红树林自然保护区

图4-36　广东湛江红树林自然保护区

1988年，海南省颁布实施了《海南省红树林保护规定》，该规定对红树林的保护和沿海生态环境的改善起到了积极的作用。2011年，海南省又对该规定进行了进一步的修订，修订草案强化了政府在红树林保护和管理中的职责，规定将红树林的保护、建设和管理经费纳入财政预算，并建立红树林资源档案，适时公布红树林资源状况，同时还界定了红树林的产权，并明确禁止在红树林自然保护区内从事畜禽养殖和水产养殖等活动。

进入20世纪90年代以来，广西北海市高度重视保护红树林立法工作，先后出台了《北海市关于加强鸟类保护管理的规定》《北海市红树林保护管理规定》《北海市人民政府关于加强保护红树林资源的通告》、北海市合浦县也先后印发了《关于坚决制止乱砍滥伐毁坏红树林的通知》《关于加强保护红树林资源的通告》。同时，北海市每年都开展以保护森林资源及湿地资源为主题的专题执法行动。严厉打击非法破坏红树林行为，除追究刑事责任、行政处罚外，还责令毁坏者补种红树林。2001年，严肃查处合浦县山口镇和闸口镇毁坏红树林案件，责令补种红树林1000亩，追究刑事责任3人，行政处罚12人。

三、红树林育苗造林

"病来如山倒，病去如抽丝"，红树林破坏容易，但要想从退化、受损、病态的生态系统恢复成健康的生态系统，难度却非常大。如果仅仅依靠红树林的自然恢复，其过程是极其缓慢的，甚至是难以实现的。目前，红树林生态修复最常用也是最有效的方法就是红树林的育苗造林。我国的海滩经各类开发以后留存下来的滩地多数为淹浸较深的海滩。在这些地区，胚轴苗难以扎根生长，必须进行人工造林，选用耐水深的树种并辅以保护措施，才能快速恢复和发展红树林资源。

红树林育苗造林在实际操作过程中需综合考虑植物种类、生境条件等多种因素。确定滩涂宜林临界线，即划定适宜红树林生长的确切范围，是进行红树林育苗造林的第一步，也是最为关键的步骤。有专家学者对此进行了研究，认为吸纳广西沿海人民群众描述潮汐变化的实际经验，利用"小半眼、半眼子、一眼子"的方法可以进行滩涂宜林地的有效划定。此外，不同的红树林植物对于生境的条件要求也不尽相同，如根据福建九龙江口红树林自然保护区造林实践，秋茄不适应太高的盐度，一般在盐度为10‰～20‰的水环境里生长最好。

实践证明，人工种植红树林的成活率不高。2002年以来，广西北海市开展了红树林保护与恢复工程建设，人工种植红海榄、秋茄、桐花树、白骨壤等红树林植株4000多公顷，这些人工林第一年的成活率为70%，到第三年保存率就仅剩35%了。10余年来，北海市累计营造红树林面积1200公顷，使2013年红树林面积达到4500公顷，比10年前增加了33%，基本恢复到20世纪50年代的水平。

图4-37　广西北海市人工种植的红树林

图4-38　人们在巴厘岛海岸种植红树林植物

2004年海啸发生之后，印度尼西亚政府及当地民众深刻认识到了红树林抵御灾害的价值，开展了红树林育苗造林工程，种植红树林400多公顷。我国福建泉州等地人工种植红树林已初见成效，获得了良好的生态效益。2002年2月26日，福建省政府正式批准建立福建泉州湾河口湿地自然保护区，泉州湾红树林修复工作正式启动。经过泉州人民10余年的辛勤努力，泉州湾洛阳江出海口海域已通过育苗造林的方式建成红树林人工林地7000多亩，成为我国东南沿海人工种植恢复红树林面积最大的区域。

四、红树林次生林改造

过量采伐和不合理的经营管理造成了红树林面积的迅速减少和滩涂湿地的不断衰退,出现了大面积的退化次生红树林。这些退化的低矮次生红树林不同于完全破坏的红树林,通过对它们进行恢复改造可以有效缓解红树林生态破坏问题,并逐步恢复其生态功能。我国早在20世纪80年代就开展了退化红树林改造恢复的实践活动,如海南东寨港于1983—1985年对桐花树灌丛进行了改造,直接在退化林内插入木榄、海莲、红海榄等植物胚轴。湛江市林业局在海康县企水镇用红海榄改造了大片白骨壤灌丛,并在实际改造过程中提出乔灌两层群落的次生林改造技术,为我国大面积的次生红树林改造提供了良好的借鉴。

五、良种引种及驯化

通过有意识地引进热带地区优良的红树林植物种类,可为亚热带地区红树林和沿海防护林体系建设提供更多的种质资源,从而提高红树林生态系统的稳定性,更好地发挥红树林资源的生态学功能。我国民间开展红树林引种工作较早,引进的品种主要是广布种秋茄和白骨壤,但是这种自发性质的引种工作所带来的生态效益一般。20世纪80年代后,我国开始重视红树林植物引种工作,并着手北移驯化一些植株高、生长快的优良品种,以便能够快速建立红树林防护带。1985年,从孟加拉国引种无瓣海桑到海南省东寨港,现已形成稳定的群落。1986—1990年,中国科学院华南植物研究所与海南东寨港红树林自然保护区合作,将海南清澜港红树林自然保护区的海桑中国科学院、卵叶海桑等6个树种成功引种到东寨港。1993—1999年,中国科学院华南植物研究所把海桑、无瓣海桑从海南北移引种至广东省湛江市,亦获得成功。

六、携手民间非政府组织与志愿者

在红树林保护与生态修复工作中,应当充分发挥民间非政府组织与志愿者的力量。中国红树林保育联盟是一家民间非政府组织,正式成立于2009年,拥有20多家合作机构,长期开展生态恢复、可持续发展教育、社区发展、基础科研、公众参与等红树林保育工作。目前,该组织在浙江、广东、福建、广西、海南等东南沿海五个省份开展了多项红树林保育工作,共计有超过3000名志愿者参与。2013年8月10日,中国红树林保育联盟组织了34名志愿者到厦门大

图4-39　中国红树林保育联盟志愿者在厦门大屿岛种植秋茄幼苗

屿岛种植秋茄幼苗，共种下秋茄幼苗3500株。

2003年，泉州青年志愿者协会成立环保组，着力开展泉州湾河口湿地红树林保护项目，组织了不下200次的红树林保护活动，义务参与了泉州湾河口湿地自然保护区的勘测和发掘以及红树林科考资料的录入、整理、统计、联络等工作，并义务向村民及中小学生宣传保护红树林的知识。

图4-40　泉州青年志愿者协会环保组志愿者在红树林中清除外来入侵物种互花米草

第四节　红树林保护的典型实例

一、举世瞩目的米埔模式

　　早在20世纪50年代，香港政府就将包括米埔在内的香港边境地区划为禁区，限制工业发展，保护了这一地区的原生态特征。1976年，香港政府又把米埔列为"具特殊科学价值地点"。1983年，香港米埔红树林自然保护区正式建立，湿地面积约2700公顷，是香港最重要的自然保护区之一。1995年，在世界自然基金会的努力下，香港政府按照《拉姆萨尔公约》将米埔及海湾内湾1500公顷的土地划为"国际重要湿地"，米埔红树林自然保护区的受保护地位进一步提升。在香港这样一个寸土寸金的国际化大都市，为候鸟保留了一块宁静的停驻之地。

图4-41　香港米埔红树林自然保护区

1.政府拥有、非政府管理的米埔模式

　　米埔红树林自然保护区充分发挥了自然保育、旅游、教育和市民休闲娱乐等截然不同并可能相悖的多种功能，这在香港甚至整个亚洲都是独一无二的，使米埔红树林自然保护区成为了环境保护实践和可持续发展相结合的经典范例。这在很大程度上要归功于其特殊的政府拥有、非政府管理的米埔模式。

除香港政府渔农署在米埔设置办事处负责执行法律和签发通行证外，自然保护区的业务管理均交由世界自然基金会香港分会负责。在机构分工与管理上，世界自然基金会与香港政府渔农署通力合作，各司其职，各自发挥所长，使得香港米埔红树林自然保护区的管理井井有条。世界自然基金会香港分会将米埔红树林自然保护区划分为5个区域，包括核心区（主要为自然生境，不受任何人类活动干扰）、生物多样性管理区（主要开展一些生物多样性保护、教育及培训活动）、公众参观区、资源善用区（可持续地利用区内的塘鱼养殖等湿地资源）及私人土地区，使其各部分可充分发挥其社会、经济、生态效益。

香港米埔红树林自然保护区的资金除部分来自香港政府外（每年拨款超过100万港币），其余均由社会各界多渠道筹措，包括世界自然基金会的支持及国际其他社团、企业的资助等。与此同时，自然保护区充分发挥其教育旅游资源优势，接纳学生旅游团，采用会员制，年收入可达千万元以上，实现了可观的经济效益。

另外，引导公众参与自然保护区的管理是米埔自然保护区管理模式的另一个亮点。香港米埔红树林自然保护区成立了由保护区管理人员、大学教授、观鸟会及政府代表组成的米埔管理委员会，委员会对保护区的管理有着监督权，保障了保护区管理工作的有效开展。

2. "绿鱼计划"

20世纪40年代，米埔地区盛行潮间带基围养虾、基围养鱼，人们在红树林范围内建立了24个基围养虾池、养鱼池，每个池塘面积约10公顷左右。米埔自然保护区最早就是在这24个基围养虾池、养鱼池的基础上建立起来的。每到冬季，渔民会将池塘中的水抽掉大部分，仅留下20~30厘米深的水，并将其中经济价值较高的大鱼捞到市场上贩卖，而池中剩下的小鱼、小虾就成为了过路候鸟的美食。因此，基围养虾池、养鱼池作为一种人工湿地，有利于鸟类的繁衍。从2005年开始，保护区实行了一项特殊的"绿鱼计划"，政府与养殖户签订协议，每年每公顷向养殖户补偿2000元港币，用以弥补鸟类到鱼塘捕食带来的损失。通过这项计划，渔民获得了实实在在的收益，居民保护湿地的积极性也显著提高了。

3.水鸟保护

水鸟是米埔红树林最尊贵的客人。米埔自然保护区及其邻近的湿地作为西伯利亚候鸟飞往澳大利亚之前的最后一块陆地，每年将"接待"大约7万只水鸟在这里过冬，其中不乏黑脸琵鹭、红隼、白鹳等珍稀濒危物种。黑脸琵鹭属极度濒危物种，全球现存1069只，其中约1/4在香港米埔越冬。不仅如此，米埔红树林还有"雀鸟天堂"的美称，在这里可找到香港72%的雀鸟品种，也可找到许多全球濒危的雀鸟。

　　为了既能保证水鸟适宜的生存环境不受破坏，又能更好地发挥保护区的环

图4-42　在米埔自然保护区过冬的水鸟

图4-43　极度濒危物种黑脸琵鹭

境教育功能，香港米埔红树林自然保护区花费了一番心思。保护区利用土方工程在水体中建造沙洲、生态岛等，为游禽提供包括淡水沼泽、季节性池塘、林

地、泥潭、红树林、芦苇床等多样化的生活环境。米埔驳岸的建设采用草阶梯入水的方式，减少水泥等材料的使用，避免影响到水生生物的生存。植被种植也选择和引进能够为鸟类提供食物和筑巢材料的植物，如芦苇等。

观鸟活动是米埔自然保护区的一项重要内容，每年为数以千计的海外学者和观鸟者提供研究和考察的机会。通过观鸟活动，不仅增加了保护区的经济收入，还对公众进行了宣传教育，使其自觉保护红树林资源。在米埔的管理者们看来，水鸟也是有性格的，有的胆子大些，有的胆子小些，需要根据它们的不同性格来设计观鸟设施。观鸟设施的建设与周边地形、环境结合起来，让天然的植物和地形为观鸟建筑"打掩护"，使鸟类不容易发现建筑，给鸟类安全感的同时，

图4-44　正在米埔自然保护区观赏水鸟的游客

也方便游人赏鸟。比如，管理部门建设了拥有180度视野的观鸟屋和长达600米的木桥，使游客能够在指定的位置观赏鸟类，同时又减少了人类活动对鸟类的干扰。对于胆子比较大的水鸟，米埔的管理者们设计了特殊的亲水平台，给游人近距离观察水鸟的机会，让人们与鸟类充分亲近。为避免鸟类受到光污染，米埔的管理者们也进行了一番考量。保护区内对照明设计和景观材料的选用均十分严格，坚决避免使用炫目光亮及颜色过于鲜艳的材料。

二、哭泣的广东福田红树林

"这道处在深圳湾海岸线上的绿色城墙，像一条湛蓝的腰带缠在城市的腹部，又像一条墨绿的围巾绕住城市的脖颈。我无法用我卑微的笔去接近这片与海水紧紧缠绕的小树林，我觉得它一直都生长在我想像之外，那种神秘与隐匿遥不可及。"深圳本土作家安石榴所描述的神秘的小树林，就是地处深圳湾东北岸的广东福田红树林。广东福田红树林是广东内伶仃岛——福田自然保护区的重要组成部分，总面积368公顷。广东内伶仃岛——福田自然保护区是我国唯一处在城市腹地、面积最小的国家级森林和野生动物类型的自然保护区，被国外生态专家称为"袖珍型的保护区"。广东福田红树林东起新洲河口，西至红树林海滨生态公园，形成了沿海岸线长约9公里的"绿色长城"。

图4-45　风景秀丽的广东福田红树林

1.特区建设不当给红树林带来了灾难

深圳经济特区是我国经济发展最快的地区之一，城市的快速发展伴随而来的是城市地域的不断扩张和一系列的生态环境问题，处在城市边缘的福田红树林受到包括土地侵占、水体污染、大气污染、噪声污染和人类的直接干扰等各方面的影响，致使红树林生态系统出现了不同程度的破坏及退化。历史时期福田红树林面积曾达到533公顷，然而到2006年已经锐减到200多公顷。

这其中，城市的工程建设对红树林的破坏最为显著。自1991年以来，滨海大道、广深高速公路、新洲河排洪工程、凤塘河排洪工程以及房地产开发等城市建设工程直接毁坏红树林36.13公顷。广深沿江高速、西气东输二线工程甚至直接将红树林铲平，越来越多的红树林渐渐地从深圳地图上消失。无序的城市建设还影响到了红树林地区鸟类的生存。在深圳湾冬季越冬的水鸟多是群飞的鸟类，它们需要800~3000米的盘旋半径，高楼林立的大厦挤占了鸟类的空间，干扰了鸟类的正常活动，造成红树林中鸟类种类与数量减少。根据调查，1992—1993年保护区范围内拥有陆鸟10目27科86种，珍稀保护鸟类23种，总数量约9346只。而到1994年，保护区内陆鸟种类减少到了5目19科55种，珍稀鸟类仅剩8种，鸟类数量也减少至6100只。由于食虫鸟类种类和数量的减少，昆虫缺乏天敌，导致红树林虫害日趋严重。受害最严重的要数海榄雌、秋茄及桐花树，每年5~6月份海榄雌的叶子几乎被害虫吃光，大片植株因此而枯死。

2.深圳市红树林保护和发展规划

为了保护这颗钢筋丛林中的"绿色明珠"，深圳市政府于2005年颁布了《深圳市红树林保护和发展规划》。按照规划要求，深圳市加强了自然保护区的管理，并实施了人工营造红树林、退化红树林生态系统修复等工程，在深圳市的宜林地和宜林滩涂种植红树林170公顷，并对零星的红树林进行封滩育林改造。此外，深圳市民也主动参与到爱护候鸟的行动中，因为风筝

图4-46　红树林枝干上布满了害虫广翅蜡蝉

断了的线很容易缠住鸟儿的脚，所以观鸟市民提出应禁止在海滨生态公园放风筝。

现如今，福田红树林已逐步得到恢复。目前，保护区内共有鸟类16目39科113种，其中还包括卷羽鹈鹕、白肩雕、黑脸琵鹭、黑嘴鸥等珍稀濒危物种23种，每年有10万只以上长途迁徙的候鸟在深圳湾停歇或越冬，高峰期甚至可达40万只以上。以深圳河为界，鸟儿左飞，降落在香港米埔红树林自然保护区栖息；鸟儿右飞，盘旋在福田红树林觅食。广阔的福田红树林滩涂湿地已经与香港米埔红树林自然保护区构成了一个完整的深圳湾生态系统。

第五章

保护"海洋热带雨林"珊瑚礁

在南北纬30°之间的海域，特别是太平洋中、西部的热带和亚热带浅海里，分布着成片生机盎然的"海洋热带雨林"。在这连片的"雨林"中，有色彩鲜艳的鹦嘴鱼、琪蝶鱼、雀鲷和蝴蝶鱼的出没，也有海蛇和海龟的踪迹，千姿百态的海绵动物、腔肠动物和能钻岩打洞的甲壳动物与软体动物更是这里的常住居民……这片欣欣向荣的海底世界，就是珊瑚礁生态系统。

珊瑚礁是大自然最壮观、最美妙的创造物之一，全世界总面积约为60万平方公里，其中91.9%位于印度洋—太平洋地区（包括红海、印度洋、东南亚和太平洋），仅东南亚就占32.3%，太平洋（包括澳大利亚）占40.8%，大西洋和加勒比海的珊瑚礁面积仅占全世界总面积的7.6%。

第一节　海洋中的"热带雨林"

在热带海洋这片"生命荒漠"中，是谁为海洋生物打造了这片"伊甸园"？又是什么力量支撑着这个庞大生态系统的运行？大自然的鬼斧神工为人类馈赠了什么样的宝贵财富？在对珊瑚礁近两百年的探索中，科学家们向我们揭开了珊瑚礁生态系统的神秘面纱。

图5-1　"海洋热带雨林"珊瑚礁生态系统

一、伟大的"建筑师"——珊瑚虫

海洋中的珊瑚礁有的似开屏的孔雀，有的像雪中红梅，有的浑圆似蘑菇，有的纤细如鹿茸，有的白如飞霜，有的绿似翡翠……莫可名状，形成一幅奇特壮观的天然艺术图画。然而令人惊奇的是，孕育这片繁荣的"海洋热带雨林"

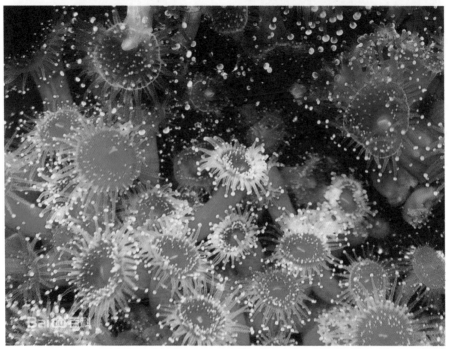

图5-2 伟大的"建筑师"珊瑚虫

的生命源泉、打造这片"海洋生物伊甸园"的建筑师，竟是一种只有米粒那样大小的海洋生物——珊瑚虫。

珊瑚虫是海洋中的一种腔肠动物，从外观形态上可分为石珊瑚与软珊瑚两类。其中，石珊瑚又称硬珊瑚，群体中大部分都是由矿物质所组成，是建造珊瑚礁的主要种类；软珊瑚则仅有骨针，群体比较柔软。石珊瑚在生长过程中能吸收海水中的钙和碳酸盐离子，然后分泌出碳酸钙（石灰石），变为自己生存的外壳。每一个单体的珊瑚虫只有米粒那样大小，成千上万的珊瑚虫聚居在

图5-3　南海璀璨夺目的各色珊瑚

一起，一代代地新陈代谢、生长繁衍，同时不断分泌出碳酸钙骨骼（也就是珊瑚）。在漫长的历史过程中，这些碳酸钙骨骼经过黏合、压实、石化慢慢形成了岛屿和礁石，也就是珊瑚礁。珊瑚礁生长速度非常缓慢，一般每年生长2.5厘米左右，而大型珊瑚礁生长更为缓慢，每年只生长1～2厘米。因此，珊瑚礁的寿命很长，太平洋里一些活珊瑚礁有250万年的历史，且仍然在生长。

全世界造礁石珊瑚有700～1000种，而我国的造礁石珊瑚有21科56属295种，以枝状鹿角珊瑚为主（50种），其次为块状珊瑚，如滨珊瑚等。其中，南沙群岛造礁石珊瑚种类最多，有200种；其次为西沙群岛，有127种；海南岛有110种。

珊瑚礁的形成，除了造礁石珊瑚扮演关键角色之外，有时还需要其他生物的帮助。例如，含钙的红藻特别是石灰红藻属和绿藻的仙掌藻属对造礁也起重要作用，所以我们常说的珊瑚礁实际上是"珊瑚—藻礁"。此外，一些软体动物（如各种砗磲）对沉积碳酸钙也起到相当大的作用。

二、"热带雨林"的生命奥秘

孕育了丰富物种的珊瑚礁生态系统，其所分布的热带海洋并不是一个利于动植物生存的富饶之地。热带海区尽管拥有充足的阳光，但其表层海水中却匮乏浮游植物生长必需的营养盐，浮游植物的生产力较之上升流区和沿岸浅海区要小得多，这样的环境并不利于以浮游植物为食的上层捕食者的生存，也难以形成像上升流区和沿岸浅海区一样复杂的食物链网。那么，在热带海洋这片"生命荒漠"中，珊瑚礁生态系统欣欣向荣的奥秘是什么呢？科学家们从珊瑚虫与虫黄藻之间的营养循环中找到了答案。

虫黄藻是生活在珊瑚虫体内的一种共生藻类，它像其他植物一样，能够进行光合作用。生活在珊瑚虫体内的虫黄藻，从珊瑚虫的代谢产物中获得光合作用必需的二氧化碳和氮、磷等营养盐，同时利用太阳光中的能量，合成碳水化合物并释放出氧气。而虫黄藻光合作用生成的碳水化合物和氧气，又是珊瑚虫生长发育的营养来源。利用虫黄藻提供的有机物和氧气，加上捕食一些小型浮游动物，同时从海水中直接吸收少部分氧气，珊瑚虫就能获得生长发育的充足能源，骨骼的生长不断加速。此外，由于虫黄藻本身带有各种色素，所以就给珊瑚礁染上了缤纷的色彩。据估计，每立方毫米的珊瑚组织内，与其共生的虫黄藻数目多达3万个。所以说，虫黄藻和珊瑚虫之间是互利互惠的营养关系。

虫黄藻等共生藻类和珊瑚虫之间的营养关系，奠定了整个珊瑚礁生态系统繁荣昌盛的基础，在营养匮乏的热带海域造就了这样一个自给自足的生态王国。而珊瑚礁也为种类繁多的动植物提供了完美的生活环境。生活在这里的各种动物，有的直接以珊瑚为食，有的以藻类、水草为食，有的以浮游动物和底栖无脊椎动物为食，彼此之间构成一个纷繁复杂的食物网，充分利用了每一种可获得的食物资源，只有很少的营养流失到整个生态系统之外。

三、千姿百态的珊瑚礁

依据礁体形态、礁体与岸线的关系，珊瑚礁可以划分为岸礁、环礁、堡礁、台礁和点礁等类型。我国珊瑚礁类型主要包括岸礁、环礁和台礁三种。

1.岸礁

岸礁沿着大陆或者岛屿的边缘形成，好像一条花边镶在海岸上，因此又称为裙礁或边缘礁。现代最长的岸礁沿红海沿岸发育，绵延约2700千米，分布水深约36米。我国大陆分布最大、保护最好、最完整、最美丽的珊瑚岸礁位于我

图5-4 由26个环礁组成的马尔代夫珊瑚礁群

图5-5 宣德环礁

图5-6 "C"字形环礁黄岩岛

国大陆最南端——广东湛江雷州半岛徐闻一带。南海岸礁主要包括平直海岸岸礁、海湾岸礁、泻湖岸礁和小岛岸礁四种类型。其中，平直海岸岸礁是海南岛海岸珊瑚礁的主要类型，总长约200千米，间断分布于海南岛1/4的岸线，宽度为10~2000米；海湾岸礁主要分布于海南岛南部的三亚湾、大东海、小东海和亚龙湾；泻湖岸礁分布于海南岛东南的新村港、黎安港和南部的榆林港；小岛岸礁则主要分布于海南岛西北部的大铲岛和小铲岛、海南岛南部的东瑁岛和西瑁岛。

2.环礁

环礁一般是由火山岛周围的岸礁演化而成的。在长年累月的风化作用下，岛屿的中央逐渐被消磨，最后沉到水面以下形成泻湖，只剩下曾经环绕着岛屿的珊瑚礁仍旧矗立于水面之上。这样形成的呈环带状围绕着泻湖的珊瑚礁，即称为环礁。世界著名的旅游胜地马尔代夫，就是一个由26个环礁组成的神话般的珊瑚礁群。在我国的南海区域，有发育颇具特色的环礁330处，例如泻湖全被封闭的玉琢礁、泻湖与外海有三个通道的华光礁、具有多个通道呈开放式的永乐环礁，以及呈半月形全开放式的宣德环礁等。黄岩岛是中沙群岛中唯一露出水面的环礁，从天空俯瞰，黄岩岛宛如一个巨大却不标准的"C"字图案，礁盘周缘长55公里，内部泻湖面积130平方公里。

3.台礁

台礁是一种呈台地状高出附近海底，但不具有泻湖和边缘隆起的大型珊瑚

图5-7　中建岛

礁。南海海域台礁分布较少，其中西沙群岛的中建岛就属于台礁。

4.堡礁

堡礁是距离海岸有一定距离的呈堤状的礁体，它像长堤一样，环绕在离岸更远的外围，而与海岸间隔着一个宽阔的浅海区或者隔着泻湖。目前世界上规模最大、最为著名的堡礁是澳大利亚大堡礁。据估计，澳大利亚大堡礁至少已有三千万年的历史。在海南岛西北部有两座堡礁——大铲堡礁和邻昌堡礁。

5.点礁

点礁是指堡礁和环礁泻湖中的礁体，大小不等、形态多样。

四、海洋的聚宝盆

美丽的珊瑚礁生态系统也是海洋的一片富饶之地。除了具有很高的观赏价值外，珊瑚礁生态系统中还蕴含着丰富的生物、渔业、医药和矿产等资源，对沿海岸线的保护作用也不容忽视。此外，珊瑚礁生态系统还有极高的科研价值。

1.生物资源

生物多样性是地球的财富。全球珊瑚礁面积还占不到世界海床的0.2%，但它们却是所有已知海洋栖息地中生物多样性最高的地区，其物种的丰富程度只有陆地上的热带雨林可以比拟。珊瑚礁构造中众多的孔洞和裂隙，为习性相异的礁栖生物提供了各种生境，创造了利于生物栖息、藏身、育苗、索饵的条件。几乎所有海洋生物的门类都有代表驻扎在珊瑚礁各种复杂的栖息空间中。脊椎动物的代表是五彩缤纷的各种鱼类，它们体型多侧扁，能够在珊瑚丛中自由穿梭。在世界海洋鱼类中，有1/4的种类是仅仅只生活在珊瑚礁水域的。这里是许多经济鱼类和无脊椎动物产卵和生长的"摇篮"，在这些

图5-8　珊瑚礁生态系统的生物资源

"海洋霸主"们太小还不能统治海洋的时候，这里可以让它们居住，这里也是许多远洋和底栖鱼类捕食和避难的场所。海龟、海蛇也常常驻足于珊瑚礁。而种类繁多的无脊椎动物，更是充分利用了珊瑚礁里千奇百态的生存空间：海绵、水螅虫、海葵、苔藓虫、蔓足类以及珍珠贝、牡蛎等双壳类，都能够固着在珊瑚礁表面生存；砗磲、石蛏、长海胆和石笔海胆等，利用珊瑚礁的天然孔洞，努力经营着自己的穴居生活；各种海参、宝贝、一些蟹类和龙虾，则当起了"隐士"，隐居于珊瑚丛中、缝隙和礁石之下；寄居蟹四处爬行而居，笋螺潜伏在沙中伺机而动，而虾蛄和各种小虾则在珊瑚礁周围的水域中自由游行……东南亚作为全球珊瑚礁分布的中心之一，具有极高的生物多样性，该海区拥有全球70个珊瑚属中的50个属，分布有超过8600种的动植物，其中仅鱼类就有3365种。此外，该海区还分布着种类繁多的地方种，其中，该海区的75种海绵动物及118种棘皮动物均属于地方特有种。

2.渔业资源

作为天然的鱼礁，珊瑚礁蕴藏着极为丰富的渔业资源。珊瑚礁能在营养不足的热带水域内进行营养的有效循环，为大量的物种提供充足的食物，因而具有很高的生产力，其生物群落生产力比邻近海域高出数百倍。一个健康的珊瑚礁生态系统，每年渔业产量高达35吨/平方公里。全球约10%的渔业产量源于珊瑚礁地区，而在马来西亚、菲律宾等处于印度—太平洋地区的国家，则有高达30%的渔获来源于珊瑚礁丛。在我国海南岛海岸，珊瑚礁区盛产多种名贵鱼、虾、贝、藻类，包括石斑鱼、遮甘鱼、墨吉对虾、斑节对虾、龙虾、珍珠贝、虎斑宝贝、海参、麒麟菜等。

图5-9 珊瑚礁生态系统的渔业资源

3.旅游资源

鹿角珊瑚恰如驯鹿头上多枝的鹿角，石芝珊瑚像是破土而出的蘑菇，蜂

图5-10　潜行在"海底热带雨林"

巢珊瑚酷似结构精巧的蜂巢，还有那些绚烂的海底颜色就像是仙人遗落了他的调色盘，呈现出一场无与伦比的视觉盛宴。鱼儿肆无忌惮地在周围穿梭，有的甚至贴身迅速滑过，偶尔有顽皮大胆的还会与你互动……珊瑚礁集热带风光、海洋风光、海底风光、珊瑚花园、生物世界于一体，是发展生态旅游的绝好胜景。近几年，日本的琉球群岛、美国的夏威夷及澳大利亚等地，越来越多的珊瑚礁区被辟为游览胜地。而我国海南三亚国家级珊瑚礁自然保护区，水质良好，海水透明度高，水下珊瑚礁群发育良好，已被开发为闻名中外的潜水生态旅游区。潜入其间，你会领略到完全置身于另一个空间的奇妙和不可思议，会被珊瑚礁多姿多彩的形态、丰富各异的色彩和鲜活灵动的生命所深深吸引。

4.医药资源

利用珊瑚入药在我国已有悠久的历史。我国现存最早的国家药典《新修本草》（唐）就有"珊瑚可明目，镇心，止惊等功用"的记载，《本草纲目》亦记载珊瑚有"去翳明目，安神镇惊。用于目生翳障，惊痫，鼻衄"等功效。现代化学和药理学研究证实，珊瑚礁生态系统中蕴藏着许多宝贵的生化物质，其中一些具有抗癌、抗菌、抗氧化作用的物质在开发新的药物、化妆品和健康食品方面具有巨大的潜力。早在1988年，日本就已投资2亿多美元用于珊瑚物质的基础研究。我国也是从80年代开始对南海珊瑚开展了广泛的化学研究，特别是对南海软珊瑚和柳珊瑚活性天然产物的研究已取得较大进展，截至2008年，已经从南海软珊瑚和柳珊瑚中得到660余个化合物，为癌症、心血管疾病的医治提供了新的药物来源。

5.矿产资源

珊瑚礁中还蕴藏着丰富的矿产资源。礁灰岩是多孔隙岩类，渗透性好，是良好的生油层和储气层。由于珊瑚礁与油、气田等矿产关系极为密切，珊瑚礁研究已被认为是寻找矿藏的一条捷径。目前，世界上已开发的礁型大油田有10多个，可采储量50多亿吨。此外，在珊瑚礁及其泻湖沉积层中，含有煤炭、铝土矿、锰矿、磷矿等矿产资源，礁体粗碎屑岩中还发现有铜、铅、锌等层控多金属矿床。

6.保护海岸线

在造礁生物的作用下，珊瑚礁不断堆积成岛礁和陆地。作为防止海岸线侵蚀的第一道天然屏障，珊瑚礁能够吸收或减弱70%~90%的海浪冲击力量。沿海地区经常受台风和热带风暴的袭击，沿岸分布的珊瑚礁作为海岸的天然防波堤，对保护海岸及沿海的农作物、海岸设施及农田村舍等资源，均具有重要作用。徐闻地处雷州半岛的西南角，周边陆地和海岸均是沙质和红壤，极易受到琼州海峡和北部湾海浪的侵蚀。但由于有连绵数十公里的珊瑚岸礁作为屏障，徐闻海岸基本抵御了西南季风引起的恶浪冲击。

7.科研价值

珊瑚礁作为一种特殊的生态类型，是海洋生态学研究的重要方面之一。珊瑚虫对环境要求严格，根据古代礁可判断古代气候、地理。珊瑚礁从古代繁衍至今，珊瑚属种演化快、生物节律明显，可为划分地层和古生物钟研究提供依据。

第二节　消失中的"海洋热带雨林"

一、珊瑚礁的退化程度惊人

美丽的珊瑚礁生态系统同时也是敏感而脆弱的。由全世界372位科学家共同完成的《2008年世界珊瑚礁现状报告》指出，全球有19%的珊瑚礁被破坏或完全丧失功能，另有15%的珊瑚礁在未来10~20年中有损失殆尽的危险。

2012年，澳大利亚詹姆士库克大学珊瑚礁研究卓越中心和中国科学院南海海洋研究所在国际保护生物学刊物《保护生物学》上发表研究报告 *The Wicked Problem of China's Disappearing Coral Reefs*，指出：我国大陆和海南岛沿岸的珊瑚群数量在过去30年里减少了至少80%，珊瑚礁的退化程度惊人；在6个南中国海国家声称拥有主权的近海环礁和群岛附近，珊瑚覆盖率在过去10~15年间已从平均60%多降低到20%左右。

《2012年中国海洋环境状况公报》显示：雷州半岛西南沿岸和广西北海珊瑚礁生态系统呈健康状态，海南东海岸和西沙珊瑚礁生态系统呈亚健康状态。海南东海岸和西沙等区域的造礁珊瑚平均盖度处于较低水平，硬珊瑚补充量较低，部分监测区域有长棘海星和核果螺等敌害生物侵害珊瑚的现象。

1.雷州半岛西南沿岸珊瑚越走越远

雷州半岛徐闻珊瑚礁群最早形成于1万年前，分布面积约2000公顷，绵延数十公里，宽200~1500米，包括鹿角状、牛角状、树枝状的枝状珊瑚，脑袋状、脑纹状、蜂巢状、盔甲状的球状、块状珊瑚等。中国科学院南海海洋研究所通过连续6年的分点潜水调查，作出了徐闻《珊瑚礁生态调查报告》："从2004和2008年的调查结果来看，徐闻珊瑚礁的珊瑚覆盖率是呈下降趋势的。珊瑚礁在逐渐衰退。"调查人员在水下发现大量鹿角珊瑚骨骼，这种保护区曾经的优势品种大批死亡且未再恢复。放坡和水尾角两地活珊瑚的平均盖度基本呈逐年下降趋势，2009年分别比2004年下降45.5%和65.5%。

自称"珊瑚守护人"的当地村民也说出了自己的直观感受："珊瑚越来越少了……就像有什么力量将珊瑚逐渐推

图5-11　徐闻珊瑚礁群

走……20世纪四五十年代，珊瑚就在海边三四米的地方，海水退潮后这里到处是珊瑚礁。现在看珊瑚礁已经要坐船到一公里以外，而最漂亮的五颜六色的鹿角珊瑚要到深海潜水才能看到了。"

2.海南岛沿岸造礁石珊瑚覆盖度总体呈现下降趋势

根据20世纪60年代的调查资料，海南岛沿岸的珊瑚礁分布面积大约有5万平方公顷，岸礁长度约1209.5千米；1998年的调查表明，海南岛近岸浅海的珊瑚礁面积仅为2.2万平方公顷，岸礁长度约717.5千米，面积和长度分别减少56%和41%。三亚鹿回头珊瑚礁岸段的珊瑚覆盖率从1998—1999年的40%降到2002年的22%。《2012年海南省海洋环境状况公报》显示：2012年，海南岛东部海岸共监测到珊瑚67种，其中造礁石珊瑚52种，软珊瑚15种。造礁石珊瑚平均覆盖度为17.9%，软珊瑚覆盖度约1.0%。2008—2012年海南岛东部海岸造礁石珊瑚覆盖度总体呈现下降趋势。

3.南沙珊瑚礁生态系统退化十分严重

20世纪80年代，南沙珊瑚礁上遍布珊瑚，覆盖率在50%以上；珊瑚种类繁多，生长良好；底栖生物和鱼类资源丰富。20世纪90年代，礁堡30米以外的珊瑚随处可见，珊瑚覆盖率虽有所降低，但仍保持在35%左右；珊瑚种类基本维持原有水平，珊瑚生长状况整体较好；底栖生物和鱼类资源依然丰富。而目前，南沙珊瑚礁礁坪上珊瑚覆盖率平均只在10%左右，永暑礁、美济礁、华阳礁等礁坪上生长的珊瑚甚少，而渚碧礁、赤瓜礁礁坪珊瑚覆盖率虽稍高，但也只有15%左右；礁盘外缘珊瑚覆盖率较高，为30%~50%；珊瑚白化现象突出，底栖生物和鱼类资源比以前显著减少。以渚碧礁为例，礁堡附近约80米范围内未见珊瑚分布；礁盘边缘至潟湖浅水区（水深约-3米）珊瑚呈斑块状分布，覆盖率在15%左右；礁盘边缘外侧珊瑚呈带状分布，覆盖率在40%~50%；2007年调查显示，潟湖水深-9米以下基本无珊瑚分布，礁盘上到处分布着白化的珊瑚，并见到珊瑚天敌长棘海星入侵现象。从目前整体状况来看，南沙珊瑚礁生态系统退化十分严重。

4.西沙群岛珊瑚重新焕发生机

《2012年海南省海洋环境状况公报》显示：西沙监控海域造礁石珊瑚覆盖度平均值为2.4%，覆盖度最高的是赵述岛海域，最低是永兴岛海域。软珊瑚覆盖度平均值为1.7%。珊瑚礁鱼类较为丰富，平均密度达每百平方米132尾，其中密度较高的海为永兴岛每百平方米154尾。2005—2012年西沙监控海域的珊瑚覆盖度总体呈现下降趋势。中国科学院南海海洋研究所的珊瑚研究专家黄晖女士2006年曾在西沙群岛拍到非常漂亮的正在生长的珊瑚礁，但2008年再回到原地拍摄时，发现整个珊瑚礁的骨架完全坍塌，变得"就像一片海底沙漠"。

2013年"西沙珊瑚礁生态系统"调查发现，尽管西沙珊瑚种群的环境依然严峻，但西沙珊瑚繁殖情况明显好于2012年，西沙珊瑚开始出现复苏的迹象。然而，由于此前珊瑚成片死亡，造成的损害极大，西沙珊瑚要恢复到此前的规模，还有很长的路要走。

二、我们将失去什么

1.失去天然的鱼类养育场

如果珊瑚大量减少或完全灭绝，将会带来一系列连锁反应：珊瑚礁生境的异质性显著降低，以浮游生物和有壳水生动物为食的鱼类迁移他处栖息、觅食、繁殖，数量逐步减少甚至最终消失；鱼类消失导致水母等生物大量繁殖，作为水母食物的浮游生物数量也会发生急剧变化……礁盘生物多样性和生物量降低，千百万年来珊瑚礁海域所形成的稳定的生态系统结构将面临巨大的变化，我们将失去这一具有非凡之美的源头、失去生物多样性的宝库、失去天然的鱼类养育场……

2.失去阻挡巨浪的缓冲带

正常情况下，在风、浪、流的长期作用下，珊瑚礁礁石不断风化，时常出现垮塌现象，同时，珊瑚虫不断生长、死亡、钙化，形成新礁石，两者保持相对平衡，维护了礁盘稳定。然而，珊瑚礁生态系统退化必将打破这种平衡，导致礁盘特别是礁盘外缘受到侵蚀，岸线不断向陆地后退。海南岛文昌县东郁镇邦塘村海岸，珊瑚礁破坏较重，使岸线后退约200米，每年有200多棵椰树倾伏海中。琼海县潭门镇草塘村海岸原大片的椰树林随着珊瑚礁的破坏而沦为海滩，致使海潮危及民房村舍。

3.失去珊瑚礁所具备的战略意义

珊瑚礁生态系统退化将改变珊瑚礁地质演化进程。一般情况下，珊瑚岛屿演变过程为：海平面下降—珊瑚礁出露—礁盘形成—珊瑚礁再造—次生礁形成—珊瑚砂聚集—边缘坝（即沙堤）形成—潟湖填充—植被发育。珊瑚礁生态系统退化将对珊瑚礁演化进程产生不利影响，使目前露出水面的珊瑚礁变为暗礁，从而失去珊瑚礁所具备的战略意义。根据《国际海洋法公约》200海里专属经济区的原则，一个能居住的独立小岛的消失，意味着其周围40多万平方公里海域海洋权益的丧失。面对南海岛礁逐渐消亡的事实，中国科学院院士焦念志忧心忡忡："几年前还在的咸舍屿，现在已经看不见了……如果消失的岛屿处于与周边国家交界的地带，这就意味着我国海域管辖区面积将大大减少。"2013年全国两会期间，焦念志提交了呼吁国家加强南海岛礁保护和修复的提案，引发社会各界的广泛关注。

三、珊瑚礁破坏的元凶

厄尔尼诺现象、强烈的暴风雨、火山暴发、大量的沉积等自然灾害使得珊瑚的生长繁殖受到干扰，而破坏性渔猎、珊瑚开采和工程建设、废水污染和不合理的海岸旅游开发等各种人类活动的干预无疑加重了珊瑚礁生态系统的严重衰退。珊瑚礁的退化，是"天灾"加"人祸"的结果。甚至可以说，这其中的人为影响大于自然灾害。

1.无法抗拒之"暖"

珊瑚虫对海水温度℃等生长环境有严格要求，生长温度在20℃以上，最适宜温度为年平均水温25~28℃，因而珊瑚虫只能生长在热带海区。中美和南美西岸以及非洲西岸的广大海区，尽管处于赤道附近水域，但却没有珊瑚礁的分布，其原因就是这些海域存在显著的下层冷水上升现象，沿岸浅水区水温低于珊瑚虫要求的温度条件。相反，我国台湾、广东沿岸虽然纬度较高，但由于有强大暖流经过，也有少量珊瑚礁的存在。但珊瑚虫适应气候的能力较弱，海水表面水温升高，极易对珊瑚礁造成伤害。当海水出现高温时，寄居在珊瑚上的共生虫黄藻就会逸出。由于失去体内的共生虫黄藻，珊瑚虫的组织就会呈现透明状态，显现出白色的骨骼，成片的彩色珊瑚因此会变得像骨头一样惨白，这种现象被称为珊瑚的"白化"或"白色瘟疫"。而由于无法再从共生藻光合作用的产物中获得赖以维持生命的能量，珊瑚虫也会很快死去。

珊瑚的白化现象与大气中二氧化碳含量的升高有密切的关系。海洋就好似一个大型的"碳调节器"，以其天然的碱性不断吸收并分解着地球上大量的二氧化碳，调节着地球大气候。自18世纪工业革命以来两百多年的时间里，海洋吸收了一半以上由人类活动产生的二氧化碳；地球上每人每年产生的二氧化碳中有1吨左右需依靠海洋进行吸收。自20世纪四五十年代，化石能源得到更为广泛的应用以来，人类碳排放速度和总量与此前不可同日而语，海洋虽然广阔无垠，却仍然有其极限。大气中二氧化碳水平从工业化时代前后的280ppm已飙升至如今的387ppm。大气中二氧化碳浓度的升高引起了诸多全球性的气候和环境问题，其中最为显著的就是全球气候变暖和海洋酸化。而随着全球气候变暖、海洋酸化等全球性环境问题日益突出，珊瑚礁生态系统的健康也受到了这些环境问题直接或间接的影响。"全球二氧化碳浓度如持续激增，珊瑚礁将极有可能在本世纪末完全灭绝。"在伦敦举行的一次学术会议上，科学家发出如此警告。与会专家预计，到本世纪中叶，全球大气中的二氧化碳浓度将达到450ppm，远远超过珊瑚生存的底线浓度360ppm，届时全球珊瑚礁的命运将走向终结。

珊瑚白化现象代表了珊瑚礁生态系统面对海表温度异常升高等环境压力的即时反应，也是珊瑚礁在全球变暖冲击下最早表现出来的征兆。在厄尔尼诺较剧烈的1997年年中至1998年年末，发生了有记录的40多年来最大规模的全球性石珊瑚以及软珊瑚、砗磲、海绵等的白化和死亡事件，水深40米的珊瑚和生长了一千年的珊瑚出现死亡，其中印度洋珊瑚礁损失率高达50%，浅水区和分枝状珊瑚受害尤其严重。除印度洋外，在东南亚、西太平洋和加勒比海，也出现珊瑚大量死亡现象，在一些地区死亡率甚至超过了90%；南海大部分海区的温度比正常年份最高温度上升2℃～3℃，使该海区出现了大范围的珊瑚白化现象，珊瑚的死亡率达70%～90%。2005年夏季，在加勒比海珊瑚礁区又一次

图5-12 "白色瘟疫"在蔓延

出现异常高温和大规模珊瑚礁白化事件，礁区有50%以上的珊瑚白化。2010年5月，在印度尼西亚苏门答腊岛的亚齐省附近海域展开了调查，发现海水表面温度最高达到34℃，比海水表面常年温度高出4℃，该海域80%的珊瑚已经死亡。更为可怕的是，随着全球气候变暖趋势日益发展，类似的珊瑚礁白化事件发生频率越来越高，白化程度也越来越严重。全球气候变暖已经被公认为全球珊瑚礁未来将要面临的最大威胁。

除了引起海水温度升高外，大气中过量的二氧化碳还会导致海水酸化，从而直接影响珊瑚礁的生长。所谓海洋酸化，即全球大气二氧化碳浓度增加导致表层海水酸化（更确切地说，是海洋的微碱状态减弱）和海洋碳酸盐系统改变。这一过程会严重影响珊瑚礁等海洋钙质生物的钙化过程。最近一百五十年间，过量的二氧化碳溶入海水，现在表层海水全球平均pH值已经比工业革命前降低了0.1个单位，预计在未来四五十年内，海水pH值将再降低0.2个单位。表层海水中二氧化碳浓度和氢离子浓度的增加，将导致海水溶解的碳酸氢盐增加和碳酸盐减少。碳酸盐离子是珊瑚骨骼赖以形成的基础，碳酸盐离子浓度的减少会降低许多造礁生物形成碳酸钙骨骼的能力。专门从事珊瑚礁与海洋酸碱度关系研究的美国卡内基研究所地球生态学部斯尔弗曼博士称，与工业化之前的水平相比，珊瑚如今已经放慢了它们形成骨骼的速度；当大气中二氧化碳浓度达到560ppm时，珊瑚礁将停止生长并开始溶解。科学家预测，几乎所有珊瑚的钙化率到2050年都会降低20%～50%，极端条件下某些种类的珊瑚的钙质骨骼将会受到毁灭性的破坏。此外，随着海洋酸化进一步加重，海洋中通过光合作用分解二氧化碳的一种钙质超微型浮游生物——颗石藻类的生长也将受阻，此时海洋酸化将开始进入恶性循环，气候变化与海洋酸化相互影响，愈演愈烈。

2.自然灾害

除了海水升温外，气候异常变化往往会引起洪水灾害、台风强度和频率增加，对珊瑚礁生态系统产生重要影响，造成珊瑚礁生境的损失和退化。台风掀起的巨浪也会造成珊瑚的损伤，大浪会折断珊瑚的躯干和肢体，或将生长珊瑚的砾石翻动，使珊瑚体被碾碎或反扣砾下，或被碎屑物覆盖而死亡。此外，海底地壳变动也可能导致部分珊瑚礁下沉或断裂。2009年5月，在西加勒比海发生了里氏7.3级地震，导致了Belize的珊瑚礁半数被毁。

3.破坏性渔猎

近年来，我国近海渔业资源的持续衰退，使部分捕捞力量转移到了珊瑚礁海域。已有研究发现，我国珊瑚礁海域渔业资源有不断减少的趋势。而在利益的驱使下，一些渔民开始选择破坏性的方式进行捕鱼。在南海海域，炸鱼和毒鱼等破坏性极强的捕鱼方式被广泛采用，一半以上的珊瑚礁受到威胁。炸鱼是采用自制炸药，通过炸毁珊瑚礁，对炸死和炸晕的鱼类进行收集。一尊啤酒瓶大小的炸药就能摧毁5平方米的珊瑚礁，而被炸毁的珊瑚礁基本难以恢复原状。毒鱼则一般是采用氰化物，对经济价值较高的鱼类进行捕杀。渔民把氰化物喷入鱼类较易躲藏的珊瑚礁裂缝处，在氰化物毒晕成鱼的同时，也会杀死大量的鱼卵和幼鱼，而珊瑚虫也难逃厄运。

这种掠夺式的渔猎行为还严重破坏了南海珊瑚礁生态系统的平衡，加剧了珊瑚礁生态系统的退化。例如，由于我国驻岛渔民在西沙群岛海域的过度捕捞，长棘海星的天敌法螺大量减少，导致长棘海星大量繁殖，而长棘海星又是珊瑚虫的天敌，有"珊瑚杀手"之称。长棘海星啃食珊瑚虫，将造成珊瑚礁大量白化死亡。长棘海星在捕食珊瑚虫时，借助分布在腕下的半透明小足，把自己吸附在珊瑚礁表面，之后把胃翻倒出来覆盖在珊瑚礁上，同时分泌出消化液渗透到珊瑚石灰质骨骼内，液化珊瑚虫后吸收养分。当吃完这片区域的珊瑚虫后，长棘海星会转移到另一个觅食地，只留下一副空荡荡的白色珊瑚骨骼，动作迅速到你都不明白前一处的珊瑚是怎么死去的。长棘海星的食量惊人，单个

图5-13 一只长棘海星趴在珊瑚外骨骼上

的成年个体一年要吃掉5～13平方米珊瑚。最可怕的是棘冠海星会突然数百万只大量出现，几天之内将珊瑚礁吃得面目全非。世界上已有10%左右的大环礁被长棘海星破坏，有的岛屿下面被吃空，地面塌陷。

4.珊瑚开采和工程建设

在20世纪四五十年代，徐闻县珊瑚海区村民还没有认识到珊瑚礁对海洋生态的价值，当地又缺乏砖瓦等建材，于是村民们就地取材，珊瑚礁变成了建造房屋的天然原料。随着社会发展，砖瓦不再是奢侈品，沿海村民也逐渐结束了用珊瑚礁建房的历史，但珊瑚礁的灾难还远未结束。到了六七十年代，珊瑚礁又被人用来烧石灰"生财"。珊瑚礁中碳酸钙含量高，相比于石灰石或灰岩，珊瑚礁能够生产更为优质的建筑材料，因而居住在珊瑚礁周边的居民常常开采珊瑚礁来生产石灰。海南岛沿岸居民采用珊瑚礁烧制石灰的历史较久，随着建筑材料需求增大，加剧了针对珊瑚礁资源的这种破坏性利用。海南省文昌市邦塘湾因开采珊瑚礁导致海岸线内缩1000米，损失1.5万棵椰子树，因建房、烧石灰和水泥挖礁量达5万吨以上；三亚市、琼海市也有类似的情况。80年代末至90年代初，礁堡等设施和附属工程的建设，如航道炸礁和礁石清理，直接造成了工程所在处及附近区域珊瑚的清除或死亡。从90年代中后期开始，南海海域渔民每年地毯式地采摘珊瑚、挖掘底栖生物多达几十次。即使是近几年，徐闻等地采挖珊瑚、破坏珊瑚礁资源的现象亦时有发生。受高额利润驱使，一些人在我国南海猎取红珊瑚，向日本、美国和欧洲等地出口，使得红珊瑚成为最濒危的物种。

——— 延 伸 阅 读 ———

徐闻古建筑奇葩——稀世罕有的珊瑚石屋

在徐闻县有很多珊瑚石村，走进这些村落，触目可及的均是采自海里的珊瑚石，每座房子的每块墙体都带着大海的气息和潮声。珊瑚石能够抵御咸涩海风的侵蚀，由于它本身具有石灰特点，遇风雨淋洒会产生一种自然黏合的胶接板结作用，且其自身质量较轻，压力不大，所以垒造的屋墙相当坚固。

徐闻县西连镇的金土村，道路、篱笆、围墙、屋墙等都是用珊瑚石建造的。珊瑚虫活着的时候本是海里最美的精灵，它死后的骨架里也有美丽的纹理。进入金土村，就像走进了珊瑚石迷宫一样。而且这个迷宫设计得

图5-14　随处可见能入画的珊瑚石墙

天衣无缝，让人叹为观止!金土村是著名的长寿村，现有400多户，2000多人，其中百岁以上的寿星就有7人之多。这其中的奥秘是否与住珊瑚屋有关，不得而知，但冬暖夏凉的珊瑚石屋确实是对人体有保健作用的。

这美丽的珊瑚石屋其实是贫穷的记证。金土村是一个贫困村，过去村民们买不起青石红砖，海里的珊瑚石便成了建材。村民们从海边挖回一块块大大小小的珊瑚石搭建房子，从而形成了这个风格独特、原始淳朴的珊瑚石村。

如今，珊瑚石已经被列为受保护的资源，村民们也都自觉地加入了保护珊瑚的行列，人人以保护珊瑚为荣，不再挖珊瑚石建房了。这历史时期留下的珊瑚石屋既是一道稀世罕有的人文奇观，又像是在时时提醒着村民要保护珊瑚礁资源。

5.废水污染

外排污水中氮、磷等营养物质会促进海藻的生长，而过度繁殖的藻类会造成海水中溶解氧含量的降低，还会遮挡珊瑚正常生长所需的阳光，大量海藻甚至可以完全将珊瑚礁覆盖住。在我国海南岛附近海域，近年兴起一股高位池养虾的风潮，这种养殖方式会产生大量含有残饵的有机废水。据报道，即使是海南目前管理最好的养虾场，也有30%的饵料未被摄食。在养虾后期和清池阶段，残饵溶解析出的氮、磷等营养物质，加上发酵的排泄物、污泥和各种病菌等，不仅造成水体发黑，还会导致废水中污染物浓度急剧升高。这些有机废水基本未经处理就直接排海，最终造成局部海水富营养化，对沿海珊瑚礁生态系统造成严重威胁。对文昌地区的高位池养殖基地进行监测，发现废水中的化学需氧量（COD）超标1.24~1.52倍，海域的粪大肠菌群超过供人生食的贝类养殖水质标准的5.7~7.6倍；而由于废水污染，文昌冯家湾一带的近岸珊瑚几乎全部死亡，已丧失潜水旅游开发价值。

6.泥沙淤积

珊瑚虫对泥沙等沉积物非常敏感。污浊的淤泥会沉积在珊瑚礁表面，包裹住珊瑚，阻碍珊瑚虫生长，降低珊瑚虫的着生能力，甚至直接导致珊瑚虫窒息而死。而海水中的悬浮泥沙会阻挡阳光照射，影响珊瑚虫共生藻类的光合作用。海南岛文昌地区附近海域的悬浮物已达到了18~72毫克/升。海南近岸海域泥沙淤积较典型的是昌化港，20世纪60年代的昌化港是原广东省四大渔港之一，港池水深5~6米，退潮水位也有4米；近40年来，由于流沙淤滞，现涨潮最深水位3.5米，退潮最深水位仅0.8米。泥沙沉积也是影响三亚珊瑚礁空间分布的重要因素，榆林湾浑浊事件已证实了近岸工程及土地利用引起的大量泥沙沉积会对珊瑚礁造成致命的危害。台湾核四厂建设导致泥沙越积越高，引起珊瑚死亡。

7.海岸旅游

珊瑚礁景观虽具有极高的旅游开发价值，但若疏于管理，旅游活动本身也会对珊瑚礁造成损害。珊瑚礁景区的旅游活动在过去20年间迅速发展，但大部分的旅游点都超过了景点的生态承载力。旅游业的发展在修建旅游设施和实施旅游的两个阶段都会对珊瑚礁造成影响：在早期的修建旅游设施阶段，平整土地、开采珊瑚作为建筑材料、挖掘供游艇航行的航道等活动均会对珊瑚礁造成损害；在旅游点开始营运后，直接排放没有经过处理的废水、船舶在停泊点抛锚时对珊瑚礁的破坏、潜水旅游者对珊瑚礁的践踏以及旅游者对珊瑚礁的破坏和拾遗，也会对珊瑚礁造成难以估计的破坏。此外，景点周边商贩偷采珊瑚礁制作旅游纪念品出售的事件也屡见不鲜。例如，居住于三亚湾西瑁岛的数百户人家，即将采捞珊瑚作为主要经济来源。除了在海南岛沿岸及其附近海岛采捞珊瑚外，部分人还将目光投向了西沙群岛海区，据了解，仅琼海县潭门镇到西沙群岛采捞珊瑚的渔船就有10余艘。西沙永兴岛等岛屿的浅水区，原来随处可见绚丽多姿的珊瑚，由于采挖及采捕，观赏价值较高的珊瑚已难以寻觅。

据估计，2010年全球约有1600万游客前往泰国旅游，泰国南部优美的海滨风光和清澈的海水都是吸引无数游人的原因，其中深海潜水项目备受青睐。然而，遭全球气候变暖、生态环境失衡以及人们长期随意往海水中丢弃垃圾、游客在潜水过程中踩踏珊瑚礁、在珊瑚礁附近喂鱼等人为因素的影响，自2010年中期开始，泰国西海岸安达曼海以及东南岸泰国湾一带海底珊瑚礁系统遭到严重破坏，超过80%的珊瑚发生白化现象。为避免这一现象继续恶化，泰国政府于2011年1月20日宣布在安达曼海7个海洋公园22个潜水处无限期禁止潜水观赏珊瑚。

8.船只触礁事件

2002年8月，长达36英尺（11米）的"Lagniappe2号"船在佛罗里达群岛国家海洋保护区内撞礁，致使376平方英尺（35平方米）的珊瑚礁遭受损坏。损坏的珊瑚品种以佛罗里达群岛的主要建礁珊瑚品种大石星珊瑚为主。船主支付了损坏赔偿金、监测以及修复等相关费用近5.7万美元（约35.9万元人民币）。2010年4月，一艘运煤船在澳大利亚大堡礁触礁，给珊瑚礁造成了两英里长的伤痕。2013年1月17日，长达68米的美国海军扫雷舰"护卫者号"穿越菲律宾苏禄海时，在图巴塔哈国家海洋公园保护区搁浅，对图巴塔哈群礁4000平方米的珊瑚礁造成破坏。菲律宾方面开出了一张500万美元的巨额罚单，要求美方对此进行赔偿，但是这种自然环境的损害以及恢复需要耗费的时间和金钱都是难以估量的。

第三节　如何保护"海洋热带雨林"珊瑚礁

一、建立珊瑚礁自然保护区

严峻的现实已经使人们开始认识到珊瑚礁生态系统的重要性，为保护珊瑚礁，防止其成为地球上第一个消失的生态系统，许多国家的政府以及一些国际组织都开展了一系列的保护行动。世界上拥有珊瑚礁的大多数国家，主要通过建立珊瑚礁自然保护区的方法，对珊瑚礁生态系统进行保护和恢复。

在2002年召开的美国科学促进协会年会上，科学家们对3200多种海洋生物的活动范围进行调查后，确定了全球珊瑚礁十大重点保护区，这些保护区包含着最为丰富多样的海洋生物，但也最容易遭受破坏，需要人们采取措施优先加以保护。这十大保护区在全球珊瑚礁总量中占到24%，在全球海洋总面积中占据的比例为0.017%，但却包含了34%的海洋特有生物品种，分别位于菲律宾、几内亚湾、印尼的巽他群岛、印度洋的南马斯克林群岛、南非东部、北印度洋、日本及中国南部、佛得角群岛、西加勒比海以及红海和亚丁湾。科学家认为，十大保护区域的提出，将有助于提高人们对保护海洋生态环境的重视。

目前为止，我国国家及地方成立了9处珊瑚礁自然保护区及涉及珊瑚礁的自然保护区。1990年，国务院批准建立首批五个国家级海洋自然保护区，海南三亚珊瑚礁自然保护区位列其中。海南三亚珊瑚礁自然保护区以鹿回头、大东海海域为主，包括亚龙湾、野猪岛海域，以及三亚湾东西玳瑁岛海域，总面积达8500公顷。自保护区成立以来，在珊瑚礁生态及环境管理方面做了大量工作，在生态旅游、海洋环境教育等方面也收到了明显的经济效益和社会效益。广东徐闻珊瑚礁自然保护区位于广东湛江市徐闻县西部角尾乡的灯楼角和西连镇的沿海，有"水族大观园"的美誉，保护区面积14379公顷，2003年建成徐闻省级珊瑚礁自然保护区，2007年又建成徐闻国家级珊瑚礁自然保护区。

我国珊瑚礁自然保护区名录（截至2011年）

保护区名称	行政区域	面积（公顷）	主要保护对象	级别	始建时间
福建东山珊瑚礁自然保护区	漳州市东山县	3630	珊瑚礁生态系统	省级	1997年
广东庙湾珊瑚自然保护区	珠海市	2435	珊瑚礁生态系统	市级	2006年
广东徐闻珊瑚礁自然保护区	湛江市徐闻县	14379	珊瑚礁生态系统	国家级	1999年
广东乌石灯图角珊瑚礁自然保护区	湛江雷州市	667	珊瑚礁生态系统	县级	1999年
海南三亚珊瑚礁自然保护区	三亚市	8500	珊瑚礁及其生态系统	国家级	1990年
海南儋州磷枪石岛珊瑚礁自然保护区	儋州市	131	珊瑚礁及其生态系统	市级	1992年

（续表）

保护区名称	行政区域	面积（公顷）	主要保护对象	级别	始建时间
海南铜鼓岭自然保护区	文昌市	4400	珊瑚礁、热带季雨矮林及野生动物	国家级	1983年
海南临高白蝶贝自然保护区	临高县	38400	白蝶贝及其生境、珊瑚礁生态系统	省级	1983年
西南中沙群岛自然保护区	西沙群岛、南沙群岛、中沙群岛的岛礁及其海域	2400000	海龟、玳瑁、虎斑贝及珊瑚礁	省级	1997年

二、依法保护珊瑚礁

建立保护区可以对区内的自然生态、环境和资源给予有效的保护，依法制止破坏珊瑚礁的行为，并为珊瑚礁生态系统的研究提供基地，还可以带动生态旅游的发展。但是，目前我国在珊瑚礁管理上尚未形成正式的管理机构，缺乏常备、精干的管理队伍，经费投入少，基本建设差，缺少管理设备，管理人员专业素质差，缺乏珊瑚礁生态科研人员。由于缺乏有效的管理体系，珊瑚礁生态保护与管理工作力度薄弱，有些珊瑚礁自然保护区并未取得理想的效果，珊瑚礁遭受破坏的现象时有发生，有些区域珊瑚礁资源还在进一步退化。

因此，应建立健全法律法规体系，强化各项监管措施，实现规范、科学、系统的管理。执法中要依据各类管理规章制度，严格管理、坚决处理，真正起到保护作用。我国《海洋环境保护法》《海域使用管理法》《野生动物保护法》《自然保护区条例》《海洋自然保护区管理办法》《渔业法》《水污染防治法》等法律法规均涉及有关珊瑚礁保护的条款。在《中国海洋生物多样性保护行动计划》中，把对珊瑚礁生物群落的保护放在突出的重要地位。为杜绝以石珊瑚作为旅游纪念品，所有的石珊瑚都被列入了《濒危野生动植物种国际贸易公约》的附录II中，即它们都是二级保护动物。红珊瑚在《国家重点保护野生动物名录》中被列为国家一级保护水生野生动物。

此外，地方结合具体情况和实际需要，也发布了一系列地方政府规章，如《海南省珊瑚礁保护规定》、广西北海市《关于保护珊瑚资源管理条例》等。三亚市针对水下旅游业存在的若干问题，于2009年2月编制完成了《三亚市水下旅游规划》。2009年9月，出台了《三亚市潜水旅游行业规范管理暂行办法》。2012年3月，《海南三亚珊瑚礁国家级自然保护区总体规划》通过专家评审。《三亚市水下旅游规划》指出，对于开发强度较大的海湾、海岛，三亚市将实行区域旅游活动轮换控制制度。以西岛为例，冬半年，水下旅游集中在岛的西北海域，使东北部海底珊瑚礁有半年的恢复期；夏半年，水下旅游集中在岛的东北海域，使西北部海底珊瑚礁有半年的恢复期。同时，提出应根据不同的水下旅游特点，估算出项目游客容量，对游客总量进行控制。《海南三亚珊瑚礁国家级自然保护区总体规划》提出：力争三亚珊瑚礁保护区核心区造礁石活珊瑚覆盖率达到60%以上，缓冲区造礁石活珊瑚覆盖率达到50%～60%，实验区造礁石活珊瑚覆盖率达到30%～50%。我国珊瑚礁的保护和管理正逐步走向规范化、法制化。

———— 延伸阅读 ————

我国南海珊瑚礁生态系统保护的政策建议

第一，制定珊瑚礁生态功能区划，合理利用珊瑚礁资源。建议南海地区的地方政府与国家海洋局等有关部门进行合作，进一步详细调查南海珊瑚礁生态系统发育状况，据此因地制宜地研究制定南海珊瑚礁生态功能区划，协调经济发展与珊瑚礁保护的关系，合理利用珊瑚礁资源，遏制南海珊瑚礁生态系统退化情势。

第二，以生态系统管理为指导思想，加强南海地区环境的综合治理。珊瑚礁作为一类特殊的生态系统，其功能具有多样性和复杂性的特点。在分析珊瑚礁功能的阶段性和动态变化的基础上，以调控生态系统功能为途径的生态系统管理，有利于珊瑚礁功能的稳定和可持续发挥。在南海周边应加大海岸带生态系统的保护力度，保护红树林，大力建设海防林，使之成为保护珊瑚礁的一部分。在南海周边实行更加严格的工业废水排放标准，加强对污染排放的监测管理。对水域污染抓本清源，采用"控、净、停"的方法，逐步改善南海水域环境。对已有的污染进行积极的生态治理，防止南海生态环境恶化和赤潮的发生。同时大力发展生态农业，建设生态经济，坚决制止上游地区的滥砍滥伐，治理水土流失，从而有效控制各种污染物和泥沙输送，保持珊瑚礁生境的良好性。严格控制与珊瑚礁有关的资源的开发，控制通向珊瑚礁区的通道、航行活动以及在礁区的捕鱼、旅游活动；坚决禁止毒鱼、炸鱼等毁灭性的捕捞方式，禁止采挖珊瑚礁作建筑材料。

第三，建立扭转南海珊瑚礁生境退化趋势的示范区。加强南海珊瑚礁资源调查，在对南海地区珊瑚礁现状及其退化趋势、原因等进行系统而全面的调查与分析的基础上，重点在海南三亚珊瑚礁自然保护区和广东徐闻珊瑚礁自然保护区建立珊瑚礁保护示范区，分析示范区内的环境退化趋势及其原因，以直观而科学的方法分析扭转环境退化趋势的着手点与突破点，提出一整套具体的生境恢复与管理优先行动的分析与识别模式，探索一种操作性强的分析与解决问题的实践模式，并通过推广示范区的方式扭转南海环境退化的趋势。各示范区之间应加强区域合作，在不同示范点之间进行人员交流，便于成功经验得到及时有效的推广。

三、促进珊瑚礁自然修复

尽管自然因素和人为因素都会损害珊瑚礁，但珊瑚虫们可以在这些自然力量的打击过后重获生机。在2500万年前，印度洋—太平洋地区的珊瑚幼虫随着洋流来到了澳大利亚东岸，渐渐形成了澳大利亚大堡礁。在长达2500万年的历史长河中，澳大利亚大堡礁经受了多次反复的变更，经历了冰河期，地壳板块发生了变化，同时海洋和大气条件也出现了巨大的波动，而珊瑚遭遇破坏后又在大自然中繁殖，其恢复力是不容置疑的。科学家曾亲自见证了斐济著名的彩虹珊瑚礁在遭到破坏后重新恢复生机。2013年发表在《科学》杂志上的最新研究表明，澳大利亚的斯科特珊瑚遭受1998年温暖海水严重受损之后，能够在6年之后再次开始繁殖，仅在12年之内便能够完全自愈恢复。

在已遭到破坏和正在退化的珊瑚礁区进行生境及生态修复工作，对维持珊瑚礁生态平衡具有现实意义。修复工作是在珊瑚礁受损后的被动和补救行为。然而，由于珊瑚礁是由无数个小珊瑚虫的骨骼以每年不到几厘米的速度一点一滴累积而成的，生长速度非常缓慢，可用"千年一开花，千年一结果"来形容珊瑚生长的艰辛。地球上的珊瑚积聚生长了2.5亿年，才有了今天的形态和规模。因而，外界环境变化对珊瑚礁造成的破坏，一般也难以在短期内恢复。英国邓迪大学约翰·雷文称，海洋酸化到此时已无法有效逆转，要再回归到前工业化时代的状态，只有通过数千年的自然演化。在这种情况下，我们可以采用一些人为的辅助手段，促进珊瑚礁生态系统的自然恢复。

减少捕鱼量、增加鱼类种群便是保护这种脆弱的生态系统的一种可行手段。发布禁渔令，保护法螺等长棘海星的天敌，可以促进受损珊瑚礁的恢复。英国埃克塞特大学的研究表明，只要人们保护措施得当（如限制捕鱼等），在全球气候变暖中受损严重的珊瑚礁也可以恢复元气，在两年半的时间里，珊瑚覆盖率由7%提高至19%。与之相对应的，在未采取保护措施的区域，珊瑚礁则没有出现复苏的迹象。在经济条件允许的情况下，也可以人为输入鱼种，如为了更好地发挥珊瑚礁群的旅游功能，可输入赏心悦目的小吻鹦嘴鱼，小吻鹦嘴鱼以珊瑚礁上的海藻为食，可保持珊瑚表面清洁，有利于珊瑚的生长恢复。

气候变暖、炸药捕鱼法和氰化物捕鱼法导致印度尼西亚巴厘岛曾经繁茂的珊瑚礁大面积死亡。科学家在该海域启动了一项被称为"生态岩石"的珊瑚礁恢复计划，用极具创意的电流疗法使巴厘岛的珊瑚礁重现生机。这是科学家托马斯·戈罗与已故建筑师沃尔夫·希尔伯兹的杰作。我们知道，如果珊瑚礁从礁石上脱落，只要把它再固定到礁石上，那它还有可能存活继续生长。在佛罗里达群岛国家海洋保护区珊瑚遭受"Lagniappe 2号"船损坏后，修复生物学家使用特殊材质的水泥，将473片被撞碎的珊瑚碎片重新附着在礁体上。而电流疗法的主要操作是搭建起圆顶或温室形状的金属框架，把它们浸入海水里，将金属框架和低压电源相连，通电时礁石的组成物质石灰石就会自动聚集到金属架上，然后再把从损坏的自然礁石上掉落的珊瑚礁固定到附了一层石灰石的金属架上，电流便能刺激虚弱的珊瑚虫更快地生长。电流疗法乍一听似乎难以置信，甚至有点异想天开。然而，几年来的试验结果表明，电流疗法颇有成效，金属支架上的珊瑚确实长势旺盛，巴厘岛西北面佩姆特兰湾的珊瑚礁周围已经聚集了多种热带海洋生物。电流疗法已经在20多个国家做过尝试。虽然电流疗法对小区域范围内的珊瑚礁恢复很有效，但要在更广阔的海域推广还有很多障碍。且电流疗法成本较为昂贵，需要大规模的资金支持。在佩姆特兰湾约有40座金属支架，连着100条左右电缆，但是其中只有1/3的电缆正常工作，其余都因为缺乏资金而无法运行及维护。

当人们发现严重受损的珊瑚礁时，会派一些潜水员下去进行相关的修复工作。但是，毕竟潜水员人数及其潜水时间有限，在海底作业的体力消耗和技术难度可想而知。芬兰赫瑞瓦特大学的科学家正在研制一种名叫"珊瑚虫"的新型海底机器人，"珊瑚虫"可以根据事先设定好的程序从海底的碎片堆中找出珊瑚碎片，再将已断裂的珊瑚礁体再度黏合在一起，可以成群修复受破坏的珊瑚礁。目前，这个项目还处于初级研发阶段，我们期待着有朝一日这个海底机器人可以到世界各地去作业。

四、依靠珊瑚苗圃技术

在一些浅海和人们容易到达的海域，可进行造礁石珊瑚的有性繁殖和无性繁殖，经过一段时间就能够让珊瑚礁数量恢复到一定程度，实现珊瑚岛礁的人工修复。有性繁殖是收集珊瑚卵，在实验室内将受精的珊瑚卵培育成珊瑚个体，最后运到目标海域进行移植，必要时使用网罩等将珊瑚虫临时围护起来以保护其成活。无性繁殖则是利用珊瑚的再生能力，通过插扦、粘贴、叠放等技术使珊瑚枝在移植基质上生长，用于修复受损的珊瑚礁。如徐闻海域的优势种鹿角珊瑚，由于其树枝状的分枝易于插入缝隙，且其生存能力强，生长较快，一年能长10厘米左右，特别适于无性繁殖。日本正在尝试用人工繁殖方法让水下的珊瑚暗礁长高成岛屿。

中国科学院南海海洋研究所年轻的女科学家黄晖是我国珊瑚分类和繁育研究领域的顶尖人物，她把珊瑚礁培育繁殖技术称作"海上园艺""珊瑚苗圃技术"，她的愿望便是"把珊瑚像树苗一样种出来"。通过多年来的科研试验，解决了珊瑚礁培育繁殖技术层面的问题，在海南三亚珊瑚礁自然保护区和西南中沙群岛自然保护区进行了小型珊瑚移植试验，在三亚有约4000平方米的实验区，在西沙群岛实验区为1公顷，示范区则达到100公顷。

海南南海热带海洋生物及病害研究所利用火山岩作为移植珊瑚的基质，成功繁殖和移植了一批珊瑚。然而，开采火山石又会带来新的环境问题，同时火山石

图5-15　西沙群岛珊瑚移植

具有难以搬运、在海底不易固定等缺点。2009年，该所又研制出了新的专利产品——金字塔形的"珊瑚核"，其原理和"珍珠核"类似，可作为移植珊瑚的载体。将"珊瑚核"固定在珊瑚基座上，将人工繁殖的珊瑚苗植入核中后投入到指定海域，移植的珊瑚苗成活率接近100%。海南南海热带海洋生物及病害研究所所长陈宏认为："更重要的是，珊瑚核制作成本低，可以实现量产，这样珊瑚大面积移植成了现实。"2010年度海南省重点建设项目的预备项目"珊瑚繁殖与生态修复项目"投资5.5亿元，将在三亚一带海域修复与新建珊瑚500亩，新增珊瑚300万株，另建设海底珊瑚礁观光隧道、珊瑚礁生物博物馆、珊瑚繁殖车间等相关配套设施，建设成为科研与观光相结合的珊瑚公园，使其成为正在衰退中的我国和世界各珊瑚礁海域的生态修复示范基地。2011年6月9日，在新村港、黎安港、三亚湾等海域投放了7座植满珊瑚的珊瑚基座。

尽管目前珊瑚培育与移植还只是作为珊瑚礁自然修复的配套、辅助手段，只在局部范围内进行，但是针对特殊环境的快速修复，珊瑚人工繁育能起到至关重要的作用。而且，可以通过人工修复在海里做水下珊瑚景观，"随心所欲"地制造一些珊瑚礁景观，打造更美好的海底生态环境，以丰富旅游资源。此外，未来我国会在南海诸岛进行一些工程建设，在这种情况下，作为"双

图5-16　海南南海热带海洋生物及病害研究所珊瑚人工繁殖和移植

管齐下"的配套措施，珊瑚礁人工修复尤其是有性繁殖工作必然会越来越受重视。

五、投放人工珊瑚礁

将陈旧或损毁的地铁、坦克和海军舰艇等沉入海洋，这些沉睡在海床上的大型设备上面会覆盖藻类和珊瑚，变成人工珊瑚礁，为海洋生物提供栖息之所。泰国曾将废旧巨型卡车、坦克、飞机投入海中做人造珊瑚礁。美国曾将废旧的地铁车厢、装甲运兵车、军舰等投入海中，作为珊瑚礁床。2006年5月17日，美国佛罗里达州彭萨科拉沿海39公里处，退役的"奥里斯坎尼号"航空母舰被沉入海底，成为一座人造珊瑚礁。2009年5月27日，长159米的"范登堡号"导弹追踪舰被沉入美国佛罗里达群岛国家海洋保护区，如今"范登堡号"外部已经长出海藻和海绵，有超过113种鱼类将它当成自己的家。

艺术家还创作了大量雕塑作品并将它们沉入海底，让它们进化成人造珊瑚礁。莫里莱纳海底雕塑公园位于西印度群岛的格林纳达，是世界上第一座海底雕塑公园。雕塑"迷失的记者"于2006年安放到海底。"沧桑变迁"由雕塑家詹森·德卡莱斯·泰勒创造，26名代表不同种族的儿童手拉手围成一圈，于

图5-17　沉入海底的"范登堡号"

2007年安放到海底。随着时间的推移，表面被藻类和珊瑚覆盖的雕塑慢慢改变外观，成为各种生物扎根的"土壤"，失去本来的面目，呈现出一种诡异之美。在沉入海底8~14个月之后，海洋生物将莫里莱纳海底雕塑公园的雕塑变成珊瑚礁，一片奇幻之景随之诞生。泰勒认为是大自然与他共同完成了这种艺术创作，"珊瑚虫施以颜料，鱼儿创造氛围，水激发观者的情感。如果人们问我雕塑作品何时完成，我会说一切才刚刚开始"。

海王星协会纪念礁灵感来自于迷失之城亚特兰蒂斯，占地面积超过16英亩（约合100亩）。海王星协会纪念礁于2007年对外开放，充当骨灰安葬之所。这座水下城市的主要雕塑包括狮子、圆顶、拱门、沟渠、大门、道路和柱子等。将骨灰与水泥和沙子混合后倒入贝壳或者海星形模子，而后添加到珊瑚礁上。现世最年长水肺潜水爱好者的吉尼斯世界纪录创造者伯特·吉尔布莱德的骨灰便安葬在这里。

墨西哥坎昆海底雕塑博物馆的"无声的进化"雕塑群，由400多尊真人大小的永久性雕塑构成，亦出自雕塑家詹森·德卡莱斯·泰勒之手。2011年，"无声的进化"雕塑群被安放在加勒比海海底，占地面积420平方米，"这是

图5-18　雕塑"迷失的记者"表面被珊瑚覆盖

图5-19　雕塑"沧桑变迁"

世界上规模最大同时最雄心勃勃的水下景观之一"。为了刺激珊瑚虫生长，泰勒使用了水泥、沙子和微硅混合材料，让最终的混凝土的酸碱值呈中性，同时使用玻璃纤维进行加固。"我认为现在已经有1000种不同种类的鱼生活在雕塑博物馆，例如刺蝶鱼，除此之外还有龙虾和藻类。藻类是最先在这里定居的生物之一。"坎昆国家海洋公园每年接待75万游客，给当地海洋生态环境尤其是海底珊瑚礁资源造成巨大压力。泰勒希望水下雕塑能够转移游客的视线，让他们将兴趣从天然珊瑚礁转移到这些雕塑身上，

图5-20　海王星协会纪念礁

图5-21　墨西哥坎昆海底雕塑博物馆的"无声的进化"雕塑群

图5-22　墨西哥坎昆海底雕塑博物馆的其他雕塑

图5-23 礁球基金会制造的礁石球

让天然珊瑚礁有足够的时间修复、生长。雕塑安放在浅水域，游客可以搭乘玻璃底船参观或者潜入水下进行零距离接触。自对外开放以来，"无声的进化"已经吸引了很多潜水爱好者。馆长罗伯托·迪亚兹表示："这是一个完美的平衡，既能保护珊瑚礁，又能将游客吸引过来。我们为游客提供了美丽的艺术品，让他们获得难忘的潜水体验。这些艺术品同时也帮助我们保护珊瑚礁。"

此外，礁球基金会制造的礁石球共有20种尺寸，已经在近60个国家安放礁石球50万个，安放地点超过4000个。

六、加强珊瑚礁保护宣传教育

保护珊瑚礁是一项以保护全民利益为目标的浩大工程，需要人们共同的关注和维护，普及珊瑚礁生态环境和生物多样性知识，增强人们的环境保护意识十分重要。许多国际组织，如国际珊瑚礁协会ICRI，联合国环境规划署UNEP，国际自然保护联盟IUCN，国际海洋学委员会IOC，联合国教科文组织UNESCO等对珊瑚礁的保护都起到了积极的推动作用。

1996年，世界珊瑚礁普查基金会（Reef Check Foundation）在美国正式成立，此基金会是由全球科学家及志愿者组成，致力于收集珊瑚健康恶化的数据，并针对问题找出解决方案。1997年是第一次国际珊瑚礁年（International Year of Reef），当年的活动就有50个国家和225个团体参加，随即引起媒体广泛报道，另外亦引起数以百计的科学调查，并催化不少保育政策和措施。在1997年国际珊瑚礁年活动中，世界珊瑚礁普查基金会发起了第一次全球珊瑚礁普查行动（又名珊瑚礁体检行动），调查结果震惊全球。这项全球性的环保公益活动也首次唤起了世界范围内对珊瑚礁生态系统的重视。2008年，第二次国际珊瑚礁年倡导人们"尊重珊瑚礁生存权"。世界珊瑚礁普查基金会希望公众参与签署"国际珊瑚礁生活权的联署宣言"，期望募集全世界百万人共同联署并于2009年1月将此联署宣言转交给世界上拥有珊瑚礁海域的国家。在2008年第二次国际珊瑚礁年，新加坡提出"新加坡珊瑚礁天堂2018"的梦想，即在10年内把新加坡打造成为"珊瑚天堂"。

2007年，广东珊瑚普查项目正式启动，效仿香港等地，广东同样也采取了志愿者主导参与的模式：志愿者自愿自费参与，专家提供选点、培训、分析结果的支持。参与珊瑚礁普查的潜水志愿者，除了需具备水肺潜水的技术外，还要先接受培训，方可下水进行珊瑚礁的健康检查。调查方法是以"穿越线"法为基础。潜水志愿者在海底分别沿着3米和10米等深线，以卷尺拉出一条100米长的穿越线。然后再以穿越线为中心，调查范围内的特定鱼类与无脊椎动物的种类和数量。另外，潜水志愿者还需沿着穿越线每隔固定间隔记录海底底质，用于计算珊瑚覆盖率，并对相关海域有无毒炸鱼、珊瑚白化、船锚、垃圾等情况进行记录。在普查工作结束后，志愿者提供的普查数据都将交由专家整理分析，并向公众发布。这样的行动可以让潜水作业者与潜水员了解并协助记录珊瑚礁受威胁的程度，从而采取保育行动，也可以让平时喜爱畅游海底的潜水爱好者把一般的潜水游憩转化为保护海洋的力量。由于是自愿自费参与公益活动，专业的潜水设备、水下摄影器材都是志愿者自带，没有任何补贴，往来交通、食宿、包船的费用也是志愿者自掏腰包。2009年，共有45名志愿者参与该年度广东珊瑚普查。

———— 延伸阅读 ————

墨西哥为保护珊瑚礁立下典范

位于墨西哥东部的海港城市考祖梅（Cozumel）拥有敏感的珊瑚礁生态，是游客如织的邮轮航线景点，却也是地球上最濒危的生物多样性地域之一。当地的邮轮业者、民间团体、政府部门相关首长与私部门代表，联合签订一项保育协议，可望减轻当地每日高达十万游客对珊瑚礁生态的破坏。这份协议属于"中美洲珊瑚礁旅游计划"（MARTI）的一部分。这项协议的主要策略是加强对游客、旅游业者、私人部门和当地小区的环境教育，让他们意识到考祖梅自然资源的脆弱，例如玳瑁和珊瑚礁都处于濒危状态。

身任MARTI国际保育组织顾问的马图斯表示："能聚集不同领域团体共同为保护考祖梅自然遗产这个目标努力是很令人振奋的事！既然观光是建立在环境之美，我们希望能在旅游和保育间找到平衡。"他还说，"维护考祖梅自然资产不仅对全球生物多样性深具意义，也有助于维持当地经济体的健全稳定和居民福利。"

第四节　珊瑚礁保护的典型实例
——澳大利亚大堡礁海洋公园

澳大利亚大堡礁纵贯于澳洲的东北沿海，北从托雷斯海峡，南到南回归线以南，绵延伸展共有2011千米，最宽处达到161千米，是世界上最大最长的珊瑚礁群，被评为世界七大自然景观之一，又被称为"透明清澈的海中野生王国"。整个大堡礁由2900多个大大小小的珊瑚礁岛组成。堡礁大部分没入水中，低潮时略露礁顶。从上空俯瞰，礁岛宛如一棵棵碧绿的翡翠，熠熠生辉，而若隐若现的礁顶则如艳丽的花朵，在碧波万顷的大海上怒放。在礁群与海岸之间有一条方便的交通海路，风平浪静之时，游船在此间通过，船下连绵不断、变幻莫测的海底奇观，让来自世界各地的游客叹为观止。除了迷人的景色和险峻莫测的地形，大堡礁也是众多海洋生物的天堂，这里生存着400余种不同类型的珊瑚、1500余种鱼类和4000余种软体动物，同时也吸引了240多种鸟类的驻足，也是儒艮和巨型绿龟等濒危物种的栖息地，有着极高的科学研究价值，是众多海洋生物学家探索自然的科学福地。1981

图5-24　澳大利亚大堡礁

年，风光独特、自然资源得天独厚的澳大利亚大堡礁被列入世界自然遗产名录。

为保护大堡礁独特的生态系统，澳大利亚制定多部法案，启动"大堡礁滨海湿地保护项目"。健全的多功能分区保护制度、可操作性较强的环境管理费征收制度和独具特色的船舶管理措施，已成为大堡礁海洋公园管理中的亮点。澳大利亚大堡礁海洋公园对珊瑚礁生态系统的有效管理和保护，为我们提供了值得借鉴的成功案例。

1.大堡礁海洋公园管理的法律依据

为保护大堡礁独特的生态系统，早于1975年，澳大利亚制定了《1975年大堡礁海洋公园法》，该法案对大堡礁海洋公园管理机构的设立、权责和权力，管理机构章程和会议，大堡礁海洋公园及周围区域有关的犯罪和处罚，环境管理费用征收，管理方案、行政机构、财政及报告要求，强制引航、执行以及其他事项等予以规定。此后，针对大堡礁海洋公园的环境管理费、公园分区规划、水产养殖等，陆续出台了《1983年大堡礁海洋公园条例》《2003年大堡礁

图5-25　澳大利亚大堡礁中造型独特的珊瑚

海洋公园分区规划》等多部法案、条例。昆士兰州政府制定的《1995年海岸保护和管理法》《2004年海洋公园法》以及联邦政府制定的《1999年环境保护和多样性保护法》等相关法律，也是大堡礁海洋公园管理的法律依据。2003年，澳大利亚联邦政府启动"大堡礁滨海湿地保护项目"，项目总投资800万澳元，由环境部主管，大堡礁水质量保护规划、自然资源管理项目、自然遗迹信托基金及咸水与淡水质量国家行动计划等为项目提供政策依据和目标。

2.大堡礁海洋公园的主要管理制度

大堡礁海洋公园具有健全的多功能分区保护制度，针对不同区域因地制宜地对海洋公园内部进行分区规划，制定不同的管理政策，保护资源并减少冲突，从而达到协调各种人类活动的目的。2004年，大堡礁海洋公园提出了更为详细的分区规划《大堡礁海洋公园分区计划》，采用类似陆地生态圈规划的方法，将大堡礁海洋公园划分为8个不同类型的管理区。①一般使用区：一般使用区是限制最少的区域，除某些特定海洋生物物种的捕捞、水产养殖作业、渔业资源传统使用、科学研究和部分旅游项目须经特别许可外，其他活动可以在该区域内进行，唯一禁止的是采矿活动。②栖息地保护区：栖息地保护区主要是保护敏感的栖息地不受破坏性活动的影响，一般只禁止如拖网捕鱼等具有潜在破坏性的活动，允许一些捕捞活动和休闲娱乐活动的开展，保护程度较低。③河口保护区：河口保护区主要是兼顾大堡礁海洋公园自然状态保护的同时允许公众进入；在该区域内可以进行渔业生产利用活动，可以进行传统的狩猎采集作业。④公园保护区：公园保护区的保护程度要比栖息地保护区更高，在该区域内有限制地允许一部分捕捞和休闲娱乐活动的开展。⑤缓冲区：缓冲区设置的主要目的是对自然原生态的保护，允许公众进入，并进行垂钓等活动，但是禁止一切形式的采掘活动，例如底钓和鱼叉捕鱼活动；有些缓冲区会季节性关闭。⑥科学研究区：科学研究区主要位于科学研究机构和设施附近，以科学研究为主要目的，通常不对公众开放。⑦国家海洋公园区：国家海洋公园区禁止从中获取任何东西，捕鱼和采集活动均须获得许可，但是公众可以进入该区域进行潜水、划船和游泳等活动。⑧保存区：保存区是保护最为严格的区域，一般禁止一切人类活动，个人、船舶只有在得到书面许可的情况下方可进入。

3.大堡礁海洋公园的环境管理费征收制度

环境管理费主要是向大堡礁海洋公园园区内进行的商业活动征收的。费用征收对象主要是获得大堡礁海洋公园管理局授权许可的旅游业经营者，在大堡礁海洋公园内租用器械、设备，进行科研活动，安装旅游设施的相关人员。此外，进入海洋公园园区内的游客也需要交纳环境管理费。

4.大堡礁海洋公园独具特色的船舶管理措施

《1975年大堡礁海洋公园法》中最具特色的船舶管理措施是强制引航措施，该法案强制所有经过大堡礁强制引航区域的船舶接收当地引航员的引航。此外，在分区规划的基础上，法案规定了不同区域行驶船舶的吨位，进一步限制了海洋公园区域的船舶通行数量。

在采取了一系列行之有效的管理措施下，大堡礁海洋公园的珊瑚礁保护工作取得了令人肯定的成绩。根据2004年的《世界珊瑚礁状况报告》，尽管全球2/3以上的珊瑚礁都遭到严重破坏或处于进一步恶化的险境，但澳大利亚和太平洋岛屿的珊瑚礁，在2003年全球各地珊瑚礁破坏状况排名中属于破坏最轻的一部分。2011年11月25日，澳大利亚联邦政府宣布，将建立世界上最大的海洋保护区——珊瑚海保护区，进一步加强大堡礁海洋公园的管理。这一海域处在大堡礁和南太平洋之间，堪称一个生态学跳板。2012年6月14日，澳大利亚政府宣布，在包括珊瑚海区域的澳大利亚专属经济区建立一系列海洋保护区，并为整个海岸带制订管理计划。根据这一新的计划，商业船只可以穿过珊瑚海海域，亦可发展潜水旅游业，但整个保护区都不允许进行石油和天然气勘探，破坏海床栖息地的捕鱼设备也将被严令禁止；在珊瑚海保护区东半部分，包括商业和休闲捕鱼在内的其他活动将严令禁止，在其他地区也将受到限制，以确保海洋鱼类保持健康的数量，并保护易受影响的栖息地。

政府部门的责任意识、全民的海洋保护意识在日益完善的政策、法律的支持下，转化为令世人关注的海洋保护区建设计划和行动。也正是人们不断增强的环保意识、不懈的实践，推动着澳大利亚大堡礁保护工作的有效进行和不断完善。

第六章

拒绝来势汹汹的"海洋入侵者"

　　生活在一定海域里的土著生物经过长期的磨合，已经形成了一个独特而和谐的"大家庭"，家庭成员们各司其职，安居乐业。地理隔离使得它们安分地固守着属于自己的地界，也避免了与邻居家庭间的互相打扰。然而，一次偶然的或我们为其特意创造的机会，使得成员们开始去异地旅行、串门、定居，甚至这些"他乡异客"逐渐变得不安分起来，喧宾夺主之事时有发生。面对这些来势汹汹的"海洋入侵者"，我们需要提高警惕，睁大眼睛，竖起耳朵，举起"非请勿入""请勿打扰"的警示牌，大胆地对它们说"不"！

第一节　种类繁多的"海洋入侵者"

世界各大洋受到大陆阻隔、水温、洋流、冲淡水等制约因素的影响，形成了各自特有的土著生物群落，土著生物长期生活在一定的区域，避免了进一步扩散。然而，近年来随着我国海洋运输事业的发展、国际贸易的日趋频繁、海水养殖品种的引入，我国海洋外来物种数量越来越多。我国的海岸线长达1.8万公里，主权管辖海域面积超过300万平方公里，跨越寒温带、温带、暖温带、亚热带和热带 5 个气候带，生态系统类型多，使得来自世界各地的"他乡异客"都可能在我国海域找到合适的栖息地。

当海洋外来物种在自然或半自然生态系统中建立了种群，改变或危害本地生物多样性的时候，就成为外来海洋入侵物种。从学术定义上来说，海洋入侵物种是指出现在其过去或现在的自然分布范围及扩散潜力以外的海洋物种、亚种或以下的分类单元。

不过值得注意的是，生物入侵问题并非只存在于海洋中，从森林、农田、草地、江河湖泊到城市居民区都有"入侵者"频频出镜。因此，国际或国内公布的外来入侵生物"黑名单"，也是囊括了上述生态系统的所有入侵物种，而不是专门针对海洋入侵生物。世界自然保护联盟公布的全球100种最具威胁的外来入侵物种中，我国有50余种。2003年，国家环保总局公布了《中国第一批外来入侵物种名单》，包括了16种危害最严重的入侵物种。互花米草作为唯一的海岸盐沼植物名列其中，在16种入侵物种当中位居第六。2012年，环保部发布的"环保部'十二五'规划"称，我国已经成为遭受生物入侵严重的国家，有些地区的生态系统遭到不同程度的破坏。据农业部的初步统计，我国海洋和海岸、滩涂约有141种外来物种，这些物种隶属于原核生物界、原生生物界、植物界和动物界4界12门。

第二节　多种途径为"侵略者"服务

人们常把外来入侵生物比作"偷渡客"。客观地讲，海洋生物入侵并非都是偷偷摸摸进行的。有些生物是我们怀着良好的意愿引入，但由于管理上的疏忽才变得失控，当人们察觉到的时候为时已晚，已经真正地"引狼入室"了。有些海洋生物则是神不知鬼不觉地进入我国海域，甚至在人们的严格监督之下，也堂而皇之地进入我国境内，其偷渡手法已达到"瞒天过海"的境界。值得注意的是，许多"侵略者"并非只通过一种途径入侵，很可能通过两种或两种以上途径被引入，在时间上也可能通过多次被引入。因此，多途径、高频率的入侵极大地提高了海洋外来物种在新栖息地定居的可能性。并且，许多入侵物种需要"潜伏"一段时间，适应新环境后才能全面入侵，因此人们对某些入侵物种的察觉往往存在滞后性。

一、有违初衷的引种

　　为了丰富、改良我国水产养殖的品种，提高品质和产量，促进海水养殖业的发展，人们有意识地从国外引入新的鱼、虾、贝、藻等养殖种类。目前，我国已从国外引进各类海洋经济生物至少26种，盐碱地栽培植物3种。如从美洲引进了漠斑牙鲆、美国红鱼、加州鲈鱼、狭鳞庸鲽、大西洋庸鲽等鱼种，南美白对虾、南美蓝对虾等虾类，海湾扇贝、象拔蚌、红鲍、绿鲍等贝类，以及经济价值很高的盐碱地栽培植物——北美海蓬子等。从日本引进的养殖品种种类最多，包括日本对虾、罗氏沼虾、斑节对虾等虾类，虾夷扇贝、长牡蛎、日本虾夷盘鲍等贝类，真海带、长叶海带等藻类，并且引自日本的虾夷马粪海胆是目前我国引进的唯一属于棘皮动物的海水养殖种类。此外，为了改善环境，实现保护滩涂、促淤造陆、消波减浪等功效，许多国家在河口、港湾的滩涂区域引入了禾本植物与被子植物。例如，我国先后从英国和美国引入了大米草与互花米草。

　　引入种一般对环境具有较强的耐受能力，并且多数品种都能够产生较大的经济或生态效

图6-1　有"减肥草"之称的北美海蓬子

图6-2 重新振兴我国对虾养殖业的南美白对虾

益。以加州鲈鱼为例，其原产美国加利福尼亚州，我国台湾省于20世纪70年代引进，广东、浙江等地也于1983年引进加州鲈鱼苗，并于1985年相继人工繁殖成功。繁殖的鱼苗被引种到江苏、浙江、上海、山东等地养殖，取得了较好的经济效益。再如，南美白对虾是当今世界养殖产量最高的三大虾类之一，原产于南美洲太平洋沿岸海域，我国广东、广西、福建、海南、浙江、山东、河北等地已逐步推广养殖，"中国鱼虾之乡"——天津市汉沽区杨家泊镇养殖的南美白对虾闻名世界。可以说，南美白对虾的引进重新振兴了我国的对虾养殖业。

但是，由于人为管理疏漏或遭人们遗弃等原因，部分物种进入自然海域，通过竞争生态位、杂交等方式对生态环境及本地物种造成巨大影响。而且，有时在引进新的养殖物种时，还会夹杂带入生物身上的寄生虫或致病菌，对养殖品种甚至人类健康造成威胁。

二、搭载船舶的"潜行者"

1.隐藏在船底的"偷渡客"

随着人类活动的增多，尤其是远洋运输的发展，附着在船底的污损生物就有了漂泊他乡的机会，一些外来物种被携带到新的生态系统中，也就不可避免地会造成物种在世界范围内的大量的和经常性的传播。华美盘管虫、指甲履螺、致密藤壶、玻璃海鞘等海洋外来入侵动物就是靠吸附在船底，长途跋涉来

图6-3 隐藏在船底的"偷渡客"——致密藤壶

到我国的。致密藤壶有宽阔的基底，能固着在物体上，它的原产地已无从考证，1978年首次在青岛和北方沿海发现，随后在我国沿海均有发现，并且成为了我国北方常见种之一。目前，在各国港口都有它的身影，这个无柄蔓足类的"偷渡客"靠附着于船底，传播到了世界各海域。

2.潜伏在压舱水中的微小生物

20世纪初以来，船舶压舱水成为海洋外来生物入侵的一个重要媒介。远洋船舶压舱水是为了确保空载时的航行安全而装载的海水，等船舶到岸时要空出吨位，就将压舱水排入到岸国的海域中。每年全球船舶携带的压舱水大约有120亿吨，平均每立方米压舱水有浮游动植物1.1亿个，每天全球在压舱水中携带的生物就有4500种。这些生物一旦入侵到新的适宜生存的区域中，就会发生不可控制的"雪崩式"繁殖，甚至引发本地物种灭绝。目前已被确认约有500种生物是由压舱水传播入侵的。其中，随船舶压舱水潜入我国的外来赤潮生物就多达16种，包括洞刺角刺藻、新月圆柱藻、方格直链藻、米氏凯伦藻等。

三、随波逐流的"不速之客"

有些海洋生物的入侵则显得更加随意，它们没有吸引人的外表，也没有搭

图6-4 形形色色的海洋垃圾成为外来物种入侵最隐秘的途径

上船舶，只能吸附在海洋垃圾上面，通过风吹、水流、自然迁徙等途径形成入侵。我国海面漂浮垃圾主要为聚苯乙烯泡沫塑料碎片、塑料袋和片状木头等。其中，聚苯乙烯泡沫塑料类垃圾数量最多，占57%。与叶子或木头之类的自然垃圾相比，海洋生物更喜欢附着在塑料容器等人造垃圾上。随着海洋上人造垃圾的增多，越来越多的生物找到了适合自己的附着体，并借助这些载体漂浮到海洋的每一个角落。英国南极考察处海洋生物学家巴恩斯认为："海上垃圾的危险比我们想象的严重得多。而向海上倾倒垃圾的问题也必须马上解决。在海洋垃圾的帮助下，向亚热带地区扩散的生物增加了一倍多，而在高纬度地区甚至增加了两倍多。在热带地区，半数以上的垃圾都有生物寄居。"

第三节　入侵物种危害重重

一、与土著物种竞争，威胁生物多样性

生活在一定海域里的土著物种经过长期的磨合，已经形成了独特的生态系统结构，外来生物的入侵会降低区域生物的独特性，打破维持全球生物多样性的地理隔离。由于缺乏天敌，入侵物种得以大量繁殖，破坏原生态系统的食物结构，造成本土物种数量的减少乃至灭绝，不仅导致生物多样性的丧失，而且使系统的能量流动、物质循环等功能受到影响，严重者还会导致整个生态系统的崩溃。我国是世界上生物多样性最丰富的国家之一，被誉为"生物多样性大国"。然而，种类繁多的"海洋入侵者"已经对我国的海洋生物多样性和海洋生态系统安全造成了严重影响。例如，美国红鱼原产于北大西洋沿岸及墨

图6-5　养殖户将美国红鱼捕捞上岸

西哥湾，具有抗病力强、成长快速、存活率高的优点，1991年引入我国海水养殖业并得到迅速推广。但由于缺乏有效管理，美国红鱼逃逸事件不断发生，目前我国沿海均发现其踪迹，鉴于其侵略性和扩张性的生态特点，对我国海洋生态的危害和影响迄今难以估算。无独有偶，我国从日本引种的虾夷马粪海

图6-6 从日本来到我国的虾夷马粪海胆

胆从养殖笼中逃逸到自然海域环境中，咬断海底大型海藻根部，破坏海草床。此外，虾夷马粪海胆在自然生态系统中大量繁殖，与土著光棘球海胆争夺食物与生活空间，对土著光棘球海胆的生存构成了危害，严重干扰了当地海洋的生态平衡。

二、与土著生物杂交，破坏遗传多样性

遗传多样性是物种进化和适应的基础，种内遗传多样性越丰富，物种对环境的适宜能力就越强，而我国海洋生物遗传多样性已经受到来自外来入侵生物的各种威胁。一方面，外来海水养殖物种被引入我国后，并未采用严格的隔离养殖措施，这样就不可避免地会接触本土生物，两者一旦杂交，就会改变当地土著生物的遗传多样性，造成遗传污染。例如，我国北方土著贝类栉孔扇贝的繁殖期是4~6月，引进种虾夷扇贝的繁殖期是2~4月，在自然条件下，外来虾夷扇贝就能与土著栉孔扇贝成功杂交获得后代。另一方面，我国在引进大量外来水产养殖品种的同时，还进行了许多不同程度和范围的杂交育种，严重危害了海洋生物的遗传多样性。为了应对我国皱纹盘鲍养殖过程中出现的种质严重退化、成活率低、抗病力差等问题，我国于1985年从美国引种红鲍、绿鲍，并同本地皱纹盘鲍进行杂交与人工育苗试验，发现后代稚鲍具备成活率高、抗病力强的优势。1986年，从日本长崎引入日本盘鲍，开展杂交育种技术，成功培育出杂交鲍，发现杂交鲍苗的壳长和存活率明显大于我国的皱纹盘鲍自交鲍苗，取得了一定的经济效益和社会效益。然而，由于杂交鲍的后代成熟后更易于同本地种杂交，大面积的底播增殖使皱纹盘鲍种群基本消失，导致宝贵的遗传资源永远丢失。调查发现，青岛和大连附近主要增殖区的鲍群体97.3%为杂交后代，遗传影响的个体几近100%。此外，异地养殖也会造成非常严重的遗

传污染，如我国菲律宾蛤仔和缢蛏的异地养殖规模很大，仅青岛红岛每年就需要从福建、辽宁购买超过亿元人民币的种苗，对青岛当地种群的遗传结构造成极大的影响。最后，随着生物技术的进步，人们能够根据自己的需要，通过基因修饰等现代手段，将某些性状移植到目标物种中，获得经过遗传修饰的生物体，从而达到优化性状的目的。这些经过基因工程修饰的生物体，它们的遗传基因已经发生了变化，将其释放到环境中可能会产生遗传污染以及潜在的生态风险问题。

三、带来病原体，危害生物健康

某些外来物种很可能携带病原体，在迁移的过程中病原体也会被带入新的环境中，由于当地的动植物对这些病原体缺乏抗体，因此很容易受到病原体的侵袭而暴发病害。病原微生物形体微小，入侵、扩散途径多，而目前的检疫、检测措施又难以及时发现，对养殖品种和人类的健康、经济发展构成严重威胁。例如，我国在引入南美白对虾的同时，也将苗种携带的桃拉病毒、黄头病毒、白斑综合征等传染性疾病带入我国海域，导致我国对虾养殖经常发生大规模病毒病害，成为我国对虾养殖业的"头号大敌"；牙鲆的亲鱼和鱼卵为我国海水养殖注入了活力，但也带来了淋巴囊肿病毒；大菱鲆的亲鱼和苗种可携带虹彩病毒等。

四、引发赤潮等生态灾害

近年来，外来赤潮生物的入侵越来越频繁，并且对新的生态环境适应性强，缺少竞争和天敌，在适宜的环境中可暴发赤潮。我国沿海赤潮频发，很重要的一个原因就是外来赤潮生物引起的，如米氏凯伦藻、球形棕囊藻、链状亚历山大藻、克氏前沟藻、圆形鳍藻、短裸甲藻、塔马拉原膝沟藻等均已在我国定居，这些种类在我国早期海洋生物调查中都未曾发现。

米氏凯伦藻原产于日本京都Gokasho湾，经压舱水传播"潜入"我国境内，近年来经常出现在我国福建沿海的赤潮群落中，有时还与东海原甲藻一道形成双相赤潮。球形棕囊藻是具游泳单细胞和群体胶质囊两种生活形态的浮游藻类，1997年秋至1998年春，我国东海海域及南海粤东海域暴发大面积球形棕囊藻赤潮，这是我国首次发现棕囊藻赤潮。1999年夏，广东饶平、南澳海域再次暴发球形棕囊藻赤潮。2004年夏，球形棕囊藻赤潮又在我国渤海首次大规模暴发。它们是怎样由其他海域传播扩散到渤海的，还没有明确定论。

五、造成难以想象的经济损失

外来海洋生物入侵带来的本地物种减少、景观丧失、养殖退化、经济生物病害、赤潮频发等后果，会直接或间接造成渔业、养殖业、旅游业、运输业和其他基层海洋产业的经济损失，并引发劳动就业、保险福利等一系列社会问题。据统计，美国每年因外来物种入侵造成的经济损失高达1500亿美元，印度每年损失1300亿美元，南非每年损失800亿美元，我国每年因外来物种入侵造成的损失也超过1200亿元人民币。仅2002年一年，我国对虾白斑病、托拉病等外来入侵病害造成的直接损失就多达40亿元。2007年夏天，舟山、嘉兴、杭州、宁波、绍兴等地桃拉病毒发病面积超过3万亩，直接经济损失达6000万～9000万元。

除了直接经济损失，海洋生物入侵也会造成各种间接危害。相对于可以量化成数字的直接经济损失，这些"入侵者"带来的各种生态安全隐患却是难以用金钱来衡量的。例如，致密藤壶附着在船底，能使航速减低；附着在浮标上，能降低浮力；附着于管道内，可缩小管道通路；在海产养殖业中，能占据某些水产养殖对象的有效附着面，污损养殖架伐和绳索，加快水下金属的腐蚀等。外来海洋生物入侵对经济和社会发展造成的危害之大可见一斑。

———— 延 伸 阅 读 ————

你可知看似"憨态可掬"的巴西龟其实很残忍？

水族馆和海鲜市场常常引入观赏性生物以及生鲜食品，这些生物被有意或无意地释放到自然环境中，建群、繁殖并成为入侵生物。在青岛、广州等地花鸟鱼虫市场附近的路边上，"憨态可掬"的巴西龟常常吸引人们驻足，许多家庭把小巧可爱的巴西龟带回家中，当作宠物饲养。等到新鲜劲过去后，又舍不得杀害，就会把它们放生到江河湖泊中。殊不知，这所谓"积德"的善心可能会给生态环境带来灾难性的后果。

巴西龟原产中美洲，1987年被我国当作宠物引进，是一种生活在淡水里的杂食动物，不仅能以植物为食，更喜欢吃鱼卵、小鱼、小虾、蝌蚪等，甚至可以吃青蛙，适应性和繁殖力非常强。巴西龟放生后会大肆侵蚀生态资源，严重威胁本土野生龟与类似物种的生存，它还是沙门氏杆菌传播的罪魁祸首，已经被世界自然保护联盟列为全球100种最具威胁的外来入侵物种之一，并且被列为我国的入侵生物。所以说这个

图6-7　面善心恶的"生态杀手"巴西龟

头小小、看似可爱的小宠物其实是面善心恶、极其残忍的"生态杀手"。台湾地区原有食蛇龟、柴棺龟、中华鳖、金龟与斑龟5种原生淡水龟。但在巴西龟"入侵"台湾不到20年的时间内，原生淡水龟的数量就急剧减少，巴西龟已经在台湾定居繁殖建立族群，俨然成为"河中一霸"。

第四节　怎样对付"侵略者"

开放的海洋生态系统为外来生物的快速传播和大量繁殖提供了良好的环境。随着"海洋入侵者"队伍的不断壮大，它们对本地物种的威胁也不断加剧，我国生物入侵呈现出数量多、传入频率快、蔓延范围大、经济损失加重的趋势。可以说，控制外来海洋生物入侵的危害与开展生态修复研究已是迫在眉睫。传统的治理方法包括人工治理、化学治理、生物治理等，这些常用方法各有利弊，有时候单一的方法对入侵物种的防治效果不好，需要将生物、化学、机械、人工等技术有机地结合起来，发挥各自的优势，弥补各自的不足，达到综合抵御入侵的目的。就国内外众多的事例来看，采用以生物防治为主，辅以化学、机械或人工方法的"组合拳"，是对付"海洋侵略者"最有效的方法。

一、刀割药除

通过人工、机械设备等手段，在较短时间内就能迅速铲除大量的外来植

物。但是，该方法达不到"斩草除根"的目的，入侵物种还会"春风吹又生"。福建农业大学设计制造了"割草机"控制大米草，取得了一定的成效。但是，机械防除后，如不妥善处理有害植物残株，这些残株依靠无性繁殖又会重新生长起来。因此，该方法对扩散能

图6-8 人工割除大米草

力较弱的物种、作用于入侵初期前期、短时间内消灭控制有一定意义，而要控制消除扩散能力强、扩散面积大的植被，则效果不佳。也有人采用火烧、灯光诱捕等多种物理手段来防治外来有害生物。

另外，也可以通过化学手段对付外来入侵物种，化学农药具有效果迅速、使用方便、易于控制大面积灾害暴发等优点，但是往往也会杀死许多本地生物，副作用大。海洋系统是一个开放性的生态系统，流动性大、范围广，化学防治有时效果不明显，并且可能造成海洋污染。因此，应用化学方法防治海洋生物入侵需慎之又慎。巴西曾针对入侵贻贝做过化学防治，代价大、收效小，对水质也造成了一定程度的危害。

二、引进"克星"

在原来的生长地，入侵物种并没有危害，但是在陌生区域却极易大规模暴发，形成物种入侵。虽然这与入侵物种的自身特点分不开，例如，它们通常具有较强的适应能力和繁殖能力，但最重要的是在新的环境里，它们在一定程度上摆脱了原有天敌、寄生虫的危害，远离了它们的生态竞争物种，从而异常繁荣起来。这也是采用生物手段进行生态修复的理论基础。为了控制入侵种，可以考虑引进它们的竞争性生物或特异性天敌，以达到"一物降一物"的生物治理目的。但是，考虑到海洋生态系统的高度开放性及潜在的二次效应的危险性，在引入其"克星"之前，必须进行周密的科学论证，并分区域、分阶段地开展生物控制实验，以防不慎造成"以毒攻毒毒更毒"的尴尬局面，引发新的生态灾难。

另外，要对海洋生物入侵的具体情况深入调查，了解本地生物遭受破坏的

程度，并在此基础上科学地制订本地物种的恢复方案。如引入入侵生物的本地竞争种，以期恢复本地生态系统。同时，建立以本地种为主的稳定的生态系统，达到长期控制外来入侵物种、杜绝外来物种再次入侵的目标。

三、生物改造

始于20世纪70年代的现代生物技术发展迅速，人们利用DNA重组技术、细胞融合技术等现代手段在分子水平上改善和优化某些物种的性状，得到经遗传修饰的生物体。遗传修饰技术就如同一把"双刃剑"，可能造成新的入侵物种，但如果利用得当，也可能被应用于改良入侵种，使其丧失入侵特征，从而达到控制和修复海洋生物入侵的目的。例如，美国康州大学李义教授领导的研究小组提出利用"超级不育技术"防范入侵性植物蔓延。经改良后，入侵植物将失去通过种子繁殖和传播的能力，大大降低入侵性，从而更加容易被消除。同时，由于改良后的植物花粉败育，不会因花粉扩散而造成外源基因逃逸和基因污染。"超级不育技术"有可能成为未来防治外来植物入侵的有效措施。

四、变害为宝

有些外来海洋生物本身具备一定的经济价值，同时对生态系统有一定的积极作用，应该在研究入侵物种价值的基础上，加以开发利用，这样既可以减少危害，间接控制扩散范围，又能带来额外的经济效益和社会效益。例如，让渔民头疼的大米草，除了具有促淤造陆、消浪护堤、净化水质等生态功能外，还具有潜在的经济价值。研究发现，从大米草中提取的黄酮不但具有一定的抑藻活性，也有抗氧化的作用，可作为海产品保鲜剂，延长海产品的保质期，还可增加其色泽。大米草是否能够真正变成造福百姓的植物，还需要进一步的科学探索。虽然，目前入侵生物的"变害为宝"工作还未引起人们的广泛关注，并且对入侵生物的治理效果不明显，但这种理念不应该被忽视，应作为辅助手段进行。

"绿色杀手"紫茎泽兰摇身一变成为"空气净化机"

紫茎泽兰原产于中、南美洲的墨西哥至哥斯达黎加一带，1865年起作为观赏性植物被引进到世界各地。20世纪40年代，紫茎泽兰由缅甸传入我国。在2003年国家环保总局公布的《中国第一批外来入侵物种名单》中，紫茎泽兰位列第一。

紫茎泽兰适应能力和繁殖能力极强，在干旱、瘠薄的荒坡隙地，甚至石缝和楼顶上都能生长，大量逸生于四川、云南和贵州等地，入侵后能迅速消耗土壤水分和肥料，并取代所到之处的其他植物。紫茎泽兰特殊的气味能使牲畜患气喘致死，且植株内含有芳香和辛辣的化学物质及一些尚不清楚的有毒物质，牲畜吃后会引起中毒，人类接触会引发过敏性疾病。

在贵州省安顺市，紫茎泽兰侵占了大片的玉米地、红薯地，甚至大片的果林由于受到紫茎泽兰的侵害而死亡。四川省凉山州紫茎泽兰入侵面积达918万亩，占全州土地的10%左右。紫茎泽兰给农业和生态环境酿成的绿色灾难，甚至比洪涝旱灾更可怕，人们又称其为"绿色杀

图6-9 "绿色杀手"紫茎泽兰

图6-10 人工拔除紫茎泽兰

手""植物食人鱼"。

为了治理紫茎泽兰的蔓延，人们采取了多项措施，使用过除草剂、人工拔除等多种方法，但效果均不尽如人意。紫茎泽兰的扩散速度非常快，拔也拔不完，铲除的紫茎泽兰第二年又会重新繁殖起来。有不少企业尝试利用紫茎泽兰生产高压板，但因成本过高最终不了了之。

就在人们为紫茎泽兰的肆虐而苦恼时，四川省入侵生物综合防治及利用技术产学研联盟另辟蹊径，提出了紫茎泽兰综合利用项目。主要利用新鲜或干燥的紫茎泽兰全草经过高温煎煮、液体发酵、过滤制成生物农药，废渣烘干后制成生物肥料、活性炭和炭渣，可以广泛应用于净化室内环境等领域。2012年3月，紫茎泽兰综合利用项目落户攀枝花西区格里坪工业园区，预计2014年2月试生产，达产后可实现年产值上亿元。我们期待着紫茎泽兰能够早日变害为宝，造福人民。

第五节 全球行动，抵御入侵

海洋外来物种入侵与海洋污染、渔业资源过度捕捞、生境破坏，构成了世界海洋生态环境面临的四大问题，已引起了世界各国和国际组织的广泛关注。早在1982年的《联合国海洋公约》中，就已经对抵御海洋外来生物的入侵提出了明确规定："各国必须采取一切必要措施，以防止、减少和控制由于故意或偶然引进外来的新物种致使海洋环境可能发生重大和有害的变化。"为了提高对外来入侵物种的防御能力及综合治理能力，美国、澳大利亚、新西兰等国家也先后建立了防治外来物种入侵的各种技术准则与指南，他们在防治外来物种入侵方面的立法举措值得我国借鉴。

一、美国颁布《非本地物种法》

美国是世界上遭受外来物种入侵最严重的国家之一，早在20世纪90年代初期，美国政府就开展了相应的立法工作。1990年，美国国会通过了《非本地物种法》。1999年1月，首届海洋生物入侵国际会议在美国召开。随后，总统克林顿签发总统命令，成立由各部门代表组成的入侵物种理事会，该理事会与联邦、州、有关科学家、大学、航运业、环境机构和农场组织等不同单位共同合作，相互协助，开展抵御外来入侵种的工作。2004年，美国环境法研究所草拟了生物入侵州示范法，规定了一整套针对可能导致外来种入侵的行为许可控制程序，包括进口、释放或拥有外来种许可证的发放，运输工具可能传带外来种的技术要求和行为规范，存贮外来种的仓储设施的管理要求，野外释放后的监测与报告制度等。此外，还设立了保证金制度，用于弥补一旦发生入侵可能导致的全部或部分损失。

二、澳大利亚制定《生物多样性保护国家策略》

澳大利亚防治外来物种入侵的工作主要集中在两个方面：一是如何防治对农业、林业造成严重影响的有害杂草；二是如何解除通过轮船压舱水携带的海洋外来物种入侵的威胁。1996年，澳大利亚从总体上制定了《澳大利亚生物多样性保护国家策略》，制订了各种环境影响评价计划，并建立了防治有害外来物种的有效办法，以期最大限度地减小外来物种引进的风险。为了防治海洋有害物种的入侵，澳大利亚检疫与检验局于1991年发布了《压舱水指南》，这也是世界上第一部强制执行的有关压舱水的规范性文件。自此，所有进入澳大利亚水域的船只必须服从强制的压舱水管理。此外，该文件还详细规定了压舱水的排放、报告和检疫方面的问题。

三、我国的防御工作任重而道远

外来物种入侵也使得我国维护生物多样性的任务变得更加艰巨。全力抵御外来物种入侵，维护生物多样性的工作已刻不容缓。

1.急需完善的法律体系

目前，我国还没有制定专门的外来物种管理法规，也没有建立外来物种引进的风险评估机制、综合治理机制及跟踪监测机制，更缺少健全有效地预防和控制外来海洋生物入侵的国家防御体系。与发达国家相比，防治外来物种入侵的立法工作还处于刚刚起步阶段。现有的法律法规主要关注人类健康和农业安全生产，并未考虑到入侵物种对生物多样性和生态环境的破坏，也没有充分制定预测、监视和早期控制等关键领域的规范。因此，现有法律体系急需延伸至有关保护生物多样性与生态系统健康的层次。

2.健全监测管理能力体系

建立管理体系，提高各部门的监测能力，形成多部门协作的专门机构。通过对专业人员的系统培训，开展外来有害物种普查，形成快速有效的网络监测体系；加大引进海洋生物及制品的检疫力度，对海洋生物的引进施行环境影响评价制度；重点监视和控制港口船舶压舱水的排放，加强对压舱水携带生物的检测；加强基层监管体系建设，形成外来物种入侵的跟踪预警、监测和快速反应体系。同时，作为一个全球性问题，外来海洋生物入侵的防治工作不是任何一个国家可以独立解决的，需要加强国际合作。当前，我国海洋外来生物入侵的数据、资料比较零散，也缺少准确、客观的评价，这大大阻碍了我国海洋生物入侵的立法、监督与防治工作。因此，要注重国际合作和交流，达成相关信息共享，全面掌握海洋外来入侵种的综合信息，形成国家地区间的预警系统。

3.提高研究能力体系

外来海洋入侵种的时空动态与调控机制是非常复杂的，为了给管理政策制定和执行提供可靠的科学依据，必须建立系统化的研究体系。而我国对海洋外来物种的研究刚刚起步，对外来物种入侵给当地海洋生态系统造成的影响研究还远远不够。可以通过长期监测、灾害调查，深入研究外来海洋物种入侵个案的动态规律和调控机制，了解其分布和扩散情况，同时结合当地的环境特点，研究入侵生物对海洋生态系统结构和功能的影响，评估海洋外来物种入侵风险，进而深入系统地研究预防、控制和治理技术，寻找最适合的风险评估指标、参数和评价方法，建立入侵理论或入侵模型。

海洋外来物种遗传污染的调查研究难度较大，开展海洋生物遗传多样性调查研究是解决海洋生物遗传污染检测与评估的技术难题。从遗传污染的角度研究目前外来海洋种入侵的程度，首先要全面细致地调查入侵生物对本土生物遗传多样性的破坏程度、海水养殖中外来经济物种（如日本的盘鲍、海湾扇贝等）对我国本土相应经济物种的遗传渗透情况。通过对调查数据的系统分析，作出精确的评价，进而提出可行的防治、控制和修复对策。此外，微生物入侵一直未引起研究者的关注，今后应系统开展这方面的专项研究，包括鱼类（如牙鲆）带入淋巴囊肿病毒、压舱水生物带入病原生物、新赤潮藻种等，形成一整套分子水平的海洋外来有害微生物分子鉴定、检测等技术体系，提高检疫的准确性、灵敏度和效率，并建立对入侵微生物可能造成的危害的预测和防控体系。

第六节　我国海洋外来物种入侵实例

一、大米草的功与过

大米草原产于英国南海岸，是欧洲海岸米草和美国互花米草的天然杂交种。我国于1963年从英国引种大米草在江苏省海滩试种，当时只有21株成活苗；1964年引种于浙江沿海各县、市；1980年引种到福建。之后逐渐被其他沿海省市引种繁殖并取得成功。到1981年年底，我国共有大米草3.6万平方公里，分布面积跃居世界首位。

最初，大米草确实为我国沿海地区抵御风浪、保滩护堤、促淤造陆等起了重要作用，并产生了一定的生态效益和经济效益。例如，江苏省盐城市东南部500多公里的沿海地区属淤长型海岸，每年都有新国土在这里出水成陆。大米草的快速生长对滩涂淤长的速度影响非常之大。盐城市滩涂开发局的李玉林认为："大米草在促淤保滩方面绝对是功大于过的。在大米草引进后滩涂成陆的速度加快了5~10倍，过去需要100年才成陆的地方，现在20年的时间就能围堤开发了，盐城市的滩涂已成为全国最大的土地后备资源，大米草应该说是沿海促淤造陆的一大功臣。"此外，凡是大米草生长茂密的地方，风暴潮频发季节对海堤的冲击损毁程度都能够控制在最小的范围内，大米草像守卫海疆的哨兵一样忠诚地护卫着沿海大堤，护卫着沿海大堤后面的工厂、村庄和数以百万计的人口、良田。

图6-11　大米草促使江苏沿海地区滩涂每年以2万多亩的速度淤长

图6-12　恣意生长的大米草不断侵吞着海滩

　　然而，仅仅三四十年的时间，大米草这一外来物种就迅速覆盖了我国沿海部分地区的大片滩涂，导致了始料未及的后果，昔日的"护滩功臣"在沿海渔民的眼中变得面目狰狞起来，被称之为"毒草""害人草"，并且被列入全球100种最具威胁的外来入侵物种。据估计，目前全国沿海滩地的大米草面积已达10万～13万平方公里。福建是我国海岸线最长的省份，自1981年在罗源湾引种大米草667平方米，至今已发展到1万平方公里，恣意生长的大米草已"霸占"福建省约2/3的海滩，极大地破坏了生态环境。因至今仍未找到有效的"剿灭"方法，大米草的危害面积还在不断扩大。在福建宁德沿海地区，当地百姓更是"谈草色变"，这一地区的海滩长870公里，原本拥有优良的近海生物栖息环境，可是，目前有3/4的滩涂被大米草侵占，水产品和其他植物无法立足，人们的生活也受到威胁。尤其是渔民在滩涂上捡拾海产品时，一旦海潮袭来，陷在茫茫的大米草中就很难辨清方向，甚至导致丧生的悲剧。

　　早在1996年，宁德地区就向国内外悬赏20万元寻求除草良方，至今无果。2003年，全国人大代表车纯滨也曾提议尽快根除大米草。其实为了根除大米草，群众想尽了一切办法：火烧、刀砍、药灭，但均未奏效。难道面临这一入侵植物，我们只能任其发展，而没有其他的解决办法吗？就在人们对根除大米草苦无对策之际，几名科学家的科技发明让我们看到了希望。

　　福州中卫多糖科技有限公司与上海寿祺多糖食品研究所首次成功从大米草中提取多糖，并且从大米草中提取的大米草多糖远远超过一般提取物的多糖含量。多糖类物质具有复杂的生物活性和免疫性，是人类抵御疾病的有力武器，是公认的免疫添加剂和促进剂。据科学测定，每亩海岸滩涂可产2000斤大米草，35吨大米草可以提取1吨大米草多糖，以每吨收割费用100元计算，每吨大

话说中国海洋生态保护

166

米草多糖的原料成本仅3500元，而提取1吨香菇多糖的原料成本为30万元。目前国际市场上每吨多糖报价约为人民币200万元，可见，大米草多糖具有极大的开发利用价值。昔日的"害人草"，经科技成果转化与产业化，有可能变害为利、变废为宝，可以成为"益人草"。

二、互花米草侵占崇明鸟类家园

互花米草原产于美国东南部海岸，1979年12月，一次偶然的机会，南京大学几位教授赴美考察时，发现该物种对保滩护岸、改良土壤、绿化海滩与改善海滩生态很有益，于是将互花米草携带回国。其后的试验种植研究发现，这种一根一根生长致密的海草可以减缓流速、阻挡风浪，专家建议将互花米草用作护岸固堤的生态工程。天津、江苏、福建、海南等地陆续从中受惠。于是，2000年，上海决定引种互花米草到上海市崇明东滩鸟类自然保护区，那时的担心竟然是：这种被寄予厚望的小草能否活下来？

上海市崇明东滩鸟类自然保护区位于崇明岛的东端，南北濒临长江的入海口，候鸟保护区面积40多万亩。20世纪90年代末，上海正式批准建立东滩鸟类自然保护区，这一时期浦东国际机场正在修建，该机场位于长江入海口濒海地带，处在东海岸候鸟迁徙的分支路线上。为了避免发生鸟撞飞机事件，保证飞行安全，必须将候鸟迁徙路线东移。在既要"驱鸟"又要"护鸟"的矛盾之下，专家再次想到了固滩的功臣——互花米草，提出在机场东侧11公里的九段沙湿地种植芦苇和互花米草，人工创造鸟类生存栖息的环境，从而改变候鸟迁徙路线，消除飞鸟撞机的危险。

互花米草很快适应了东滩的环境，快速生长，在10年中其面积很快达到了20多平方公里，甚至挤占了鸟类的生存空间。在没有互花米草之前，东滩地区的物种丰富，为鸟类提供了多样的食物和良好的栖息环境。互花米草入侵最明显的危害是挤压东滩土著植物海三棱藨草的生存空间，而后者的球茎、幼苗、种子是雁鸭类候鸟，尤其是小天鹅、白头鹤等的食物。白头鹤是国家一级保护动物，每年来东滩越冬的数目有130多只，它们只在海三棱藨草群落中觅食。海三棱藨草的日渐消失，意味着候鸟食物的消失。其次，

图6-13 互花米草

图6-14　崇明东滩成片的互花米草一直延绵至远处的海域

互花米草的生长堵塞潮沟，而潮沟是鱼类以及底栖动物的"天然乐园"，也是鸟类觅食和休憩的场所。海三棱藨草的日渐消失，同样意味着鸟类栖息地的大量丧失。东滩鸟类的种类和数量随之降低，大滨鹬等候鸟可能因此失去在东滩的旅行中继站，无处歇脚。

　　而在当年，没有人预料到互花米草会对东滩如此适应，以至于改变了这个生态系统原有的秩序。原来打算增加领地、吸引鸟类，却不曾想反而变成驱赶鸟儿。请进来却难赶出去，随后的治理并不是一件轻松的事。发现互花米草的危害后，相关部门也曾想过使用除草剂等方法进行治理，但这种方法可能产生副作用。目前，崇明东滩在复旦大学的支持下，进行了一系列实验。首先，计划利用割草、水淹的方法，分割范围对互花米草进行治理。研究发现，在互花米草生长的关键时期，可综合利用刈割和水位控制方法，在抑制互花米草上部营养生长的基础上，通过水位控制，阻止互花米草的呼吸作用和光合作用，抑制其生长和过度扩散。这样不但可以达到长期有效根除互花米草的效果，而且保护了本地物种，弥补了利用其他方法治理互花米草的不足。但这样的物理防治也有缺点，只能小范围开展，对于大面积覆盖互花米草的东滩来说，显得捉襟见肘。课题组通过开展互花米草与地方品种芦苇、海三棱蔍草的交互移植实验，发现互花米草在海三棱蔍草中不受任何影响，而在芦苇群落中的互花米草，其存活与生长都受到了抑制，证明芦苇是抑制互花米草扩散的理想材料。通过多种农药对照，筛选出15%的精稳杀得乳油可有效控制互花米草生长繁殖，并对底栖动物没有明显的副作用，可作为综合防治的首选药剂。采用药剂清除互花米草后再种植芦苇，形成茂密的芦苇群落，可以有效抑制互花米草的再次侵入，这种方法已在崇明东滩外缘进行试验，效果明显。此外，研究人员也提出可以引进国外一种象甲昆虫作为互花米草的天敌，但这样的方案仍停留在实验室阶段。

三、沙筛贝入侵厦门马銮湾

沙筛贝俗称"海瓜子"，是一种海洋贝类，原栖息于中美洲热带海域，附着在墨西哥的岩石和海藻场，在委内瑞拉也有发现。1915年巴拿马运河通航后，由船只将其带至太平洋和印度洋沿岸。后在印度东部海岸、日本内湾发现少量个体。1977年，台湾在牡蛎田首次发现沙筛贝。1980年，香港水域首次发现一块木船板上附着少量的沙筛贝。1983年，发现香港的方舟底部几乎100%被沙筛贝覆盖。除可能附着在船只上带入外，该种也可能在引入鲜活饵料或苗种时夹杂带入。

沙筛贝的肌肉和生殖腺小，几乎不能食用。但是，其养殖成本很低，可做虾蟹的饲料，一袋沙筛贝可以卖到20多元，利润可观。因此，一些村民纷纷在福建厦门马銮湾内进行大面积吊养。1993年，在马銮湾和东山八尺门西侧海堤的养殖设施上发现大量的沙筛贝附着，并且已成为污损生物群落的优势种，但在一堤之隔的堤外水域却没有发现沙筛贝的踪迹。1998年，有人反映，在福建泉州市惠安县与北岐滩涂也发现这种贝类，表明该物种有进一步扩散的可能。这种贝类生长迅速、繁殖力极强，入侵后常常覆盖养鱼网箱、塑料筏子、绳缆及砖头沉子，密度可达每平方米5740~34360个，排挤藤壶、牡蛎等当地物种，并争夺其他养殖贝类的

图6-15　沙筛贝

附着基、饵料以及生活空间，造成虾贝等本土底栖生物大量减少甚至绝迹，对当地养殖业造成严重影响。沙筛贝滤水量很大，对澄清水质有一定的作用，但大量的代谢产物将会造成有机物污染和水体缺氧，对当地的原生物种造成不利的影响。

厦门海域的外来种沙筛贝尚处于开始扩张阶段，其蔓延对当地种群遗传结构的影响，以及是否存在与土著物种杂交而引起遗传污染等情况还不完全清楚。为了控制沙筛贝的扩散，减少其对当地养殖品种的危害，海洋综合行政执法支队曾多次组织渔民通过人工的方式进行清除，或对吊养设施进行强制拆除。

第七章 ◎
应对蓝色农业之殇

　　出海归来鱼满舱，码头渔歌渐唱响。曾几何时，在一声声号角声中，出海的渔船载着丰收的喜悦陆续归来，海面上仿佛留下胜利的"V"字形涟漪片片；而如今，当收获甚少的渔民面对既热爱又敬畏的大海叹气时，不知他们是否意识到，其实正是他们自己酿造了这场海洋生物的浩劫。曾几何时，我们还在为"耕海牧渔"带给我们的海鲜美味而欢喜雀跃；而如今，不过几十年的光景，我们便为海洋养殖带来的一系列污染问题而感到苦不堪言。"民以食为天，食以安为先"。曾几何时，我国饮食文化的源远流长、博大精深滋润着生命的天天与年年，令全世界惊叹；而如今，我国海产品污染事件接连不断，出口的海产品被"遣送回国"也是屡见不鲜。当你面对饕餮盛宴，准备登上五味筑起的狂欢天堂时，海产品安全问题是否会让你内心掠过一丝的不安，是否会让你举起筷子的手出现一刻的停顿？

　　海洋作为"生命母亲"，敞开它宽广的胸怀，哺育了我们，无私无畏，然而，我们又是怎样对待它的呢？我们的贪婪、自私和无知将它弄得筋疲力尽、伤痕累累，过度捕捞、海水养殖污染和海产品安全堪忧三大顽疾缠身……这不是危言耸听，而是我们的"生命母亲"为我们的错误所付出的代价。为什么我的眼里含有泪水？因为我对这一片蓝色国土爱得深沉。面对"生命母亲"的灾难与伤痛，我们应该翻然悔悟，现在、立刻、马上为它疗伤。因为待到康复后，健康的它还有更加漫长和光辉的路要走。趁现在，或许一切都还来得及。

第一节　我国蓝色农业的昨天与今天

一、向海洋要粮食的大胆设想

中国人能不能养活自己？这是一个国际社会十分关注的热门话题。在原始社会，人类祖先的生活是十分艰难的，他们主要靠采集植物和捕鱼打猎来维持生存。随着农业的出现与发展，人类将眼光更多地投向广袤的大地，渔业在社会经济中的比重也随之下降，特别是海洋渔业淡出了人们的视野，在漫长的历史长河中似乎起着微不足道的作用。陆地农业为十几亿人的生活提供了食物，并促进了人类文明的发展。所以，当提及中国的历史，更多的人想到的是黄土文明、农耕文明的历史。

但是，随着人口数量的不断增加、粮食危机的日益突出，向陆地以外寻求新的食物来源成为许多人探索的方向，海洋再次进入了人们的视野，并激起了人们的极大热情。20世纪60年代以来，随着海洋生物技术、生物工程技术和高新技术的发展，国际上出现了"耕海牧渔"式的生产活动，人类通过有计划地繁殖海洋生物资源，发展海水养殖业，给传统海洋渔业带来了飞跃发展，海洋生物资源开发也成为人类解决粮食危机的重要途径之一。

二、耕滩牧海，利在眼前

全世界海洋生物的种类约有100万种，海洋的初级生产力达每年6000亿吨，能够提供6亿吨可食用的高级生物，而目前全世界每年的渔获量约1.2亿吨，为我们提供了22%的动物蛋白。1992年联合国环境与发展大会通过的《21世纪议程》宣告，21世纪是海洋的世纪，人类将进入全面开发海洋的时代。

2002年，党的十六大报告发出了"实施海洋开发"的号召。合理开发利用海洋生物资源，提高生产水平，是开拓新的农业资源、增加食物总量、保障我国粮食安全的重要战略措施。我国蓝色农业发展以鱼、虾、贝、藻等蛋白类食品的捕捞和养殖业为主。捕捞业可直接利用天然的渔业资源，远洋渔业还可以在国际公海他国管辖的水域从事渔业资源开发活动。我国远洋渔业自1985年开拓创业以来，已成为我国渔业的重要产业。到1995年，我国远洋渔业运回的优

图7-1　南通市海安县万亩紫菜养殖场，群众用勤劳的双手编织希望

质海水鱼就超过50万吨，大大丰富和调剂了国内市场。此外，海水养殖业也得到快速的发展，与肉禽生产相比，海产品的养殖转化率要高得多，一般1~3千克饲料就可养1千克鱼，而贝类、藻类等则不消耗人工饲料。我国水产品总产量连续23年居世界第一。2012年，全国水产品总产量达到5906万吨，其中，养殖产量4305万吨，国内捕捞产量1483万吨，远洋渔业产量118万吨。2012年，我国水产品出口额达189.83亿美元，同比增长6.69%，再创历史新高。我国水产品出口额占全球的比重已达14.8%，连续11年位居全球首位。联合国粮农组织对我国水产养殖业的发展给予了高度评价，认为这是中国对世界渔业发展的一大贡献。我国海洋产业的年总产值从20世纪80年代到2000年，海洋产业总产值翻了5番，由每年200多亿元增加到了每年4000亿元，占整个GDP的1.2%，其中渔业占了54.7%。无论是数量还是发展规模，我国蓝色农业在国际上都是首屈一指的，这的确可算得上是骄人的成绩。

第二节　克服捕捞渔业顽疾，实现可持续发展

一、海洋生物的浩劫

1.贪婪无度的过度捕捞

"过度捕捞"是指人类的捕鱼活动导致海洋中生存的某种鱼类种群不足以繁殖并补充种群数量。现代渔业捕获的海洋生物已经超过生态系统能够平衡

弥补的数量，使整个海洋系统生态退
化。过度捕捞折射出的是人类的贪婪
和自私，而渔业资源成为了人类贪婪
的牺牲品。如果说是过度捕捞酿造了
海洋生物的浩劫，那么人类正是这场
浩劫的施暴者。

图7-2　人类每天捕捞的鲨鱼超过4万条

　　每年世界上捕杀的鲸鱼有1200
头，1986年全世界禁止商业捕鲸以恢
复持续减少的鲸鱼数量，但是以科学
和文化为名的捕鲸仍然合法。人类每天捕捞的鲨鱼超过4万条，主要目的是为
了鱼翅。华人将鱼翅当成高级食材，导致香港成为世界上最大的鱼翅消费市场
之一。

图7-3　香港一座厂房的天台铺满大量鲨鱼翅

2.不加选择的海底拖网捕捞

　　现代渔业的专业性很强，每次捕捞作业将一两种鱼类作为"目标鱼种"，
但是在捕捞过程中，很多原本不是目标的鱼种也被一同捕捞上来，通常渔民会
把他们不需要的捕获物扔回海中，但大部分在分拣过程中就已死掉。有时候，
受到这种"连带伤害"的生物甚至会超过总重的80%。这种"连根拔起"的作
业方式直接造成渔业资源消耗殆尽。

在所有常用的捕鱼方法中，对海洋生态系统损害最大的莫过于海底拖网捕鱼法。海底拖网捕鱼法是拖着装有重型渔具的大网，横扫过海底捕捉鱼类，它能把海底一定尺寸范围内的生物一网打尽，使海底现存鱼类的种类和数量急剧减少，所经之处的其他动物也同样受到捕杀，对生态系统造成了灾难性、毁灭性的伤害。此外，废弃的渔网也往往成为海洋生物的葬身之地。有人做了一个比喻，这就好像为了捕捉牧场上的牛，人们却用直升机拖着大网扫过牧场，收进网中的不仅有牛，还有马、牧羊犬、拖拉机、

图7-4　拖网捕捞将所经之处的所有生物一网打尽

图7-5　废弃的渔网也往往成为海洋生物的葬身之地

谷仓、百年大树、草皮，甚至还包括牧民。而人们会把除了牛之外的东西统统扔掉。海底拖网捕捞已经引起国际社会的广泛关注，2004年，联合国强烈要求各个国家减少海底拖网捕捞对海洋造成的危害。

3.牟取私利的非法捕捞

非法捕捞水产品包括未取得捕捞许可证而擅自捕捞，使用禁用的渔具和方法捕捞，违反捕捞许可证关于场所、时限等规定进行捕捞的行为。

在经济利益的驱动下，非法捕捞在我国时常发生。据报道，深圳湾海域非法捕捞者每天都超过百人，进入夏季以来更是猖獗，达到每天四五百名非法捕捞者、60余条非法捕捞船只。这些"捕捞大军"下海捕捞蛏子、贝壳、鱼类等，销售给水产市场和酒店。这些贝壳和鱼类本是海鸟的食物，可是每天却大量被非法捕捞者从海水滩涂中捞走，所以非法捕捞不仅破坏了深圳湾海域的生态环境，还严重威胁了生活在红树林区域内的鸟类。尽管渔政渔监部门联合边防、深圳湾公园管理处等部门开展了大型整治行动20余次，没收各类"三无"船舶116艘，收缴非法网具5万余米，执法力度在不断加强，深圳湾非法捕捞现

图7-6 执法人员在深圳湾海域禁渔

象也并未绝迹。由于非法捕捞获利大，违法成本低，执法人员除没收渔具、罚款并对非法捕捞者进行教育和驱散外，并没有更加有效的执法手段，非法捕捞人员很可能购买新渔具后重操旧业。

4.缺少监管的休闲渔业

休闲渔业是一种新兴的渔业产业，因同时具有渔业和休闲旅游业的优点而形成独特的魅力。20世纪90年代初，休闲渔业开始萌芽，经过近二十年的发展，逐步形成了规模化、规范化经营。然而，休闲渔业发展过程中也出现了许多问题，不仅阻碍了休闲渔业的发展，也损害了海洋渔业资源。目前，休闲渔业的从业人员多为专业渔民，他们接受的文化教育程度偏低，缺乏一定的知识和技能，也缺乏保护资源环境的意识，如渔民在建设休闲娱乐设施时破坏生态环境、损害水生生物的事件时有发生；饭店、旅馆将未经处理的生活污水、生活垃圾直接排入水体，污染了渔区；休闲渔业船舶驶离休闲渔业区、超过规定时间作业、载客人数超过上限等司空见惯。

2013年7月中旬浙江温州媒体报道，为了体验捕鱼的乐趣，游客在苍南鱼寮风景区旅游时可以向渔民租船，在出海观光的同时撒网捕鱼。游客通过这种捕捞体验，感受捕鱼过程中的苦与乐，本是一件好事。然而，为了满足"大小通吃"的捕捞快感，捕鱼采用的方法是"底拖网"，捕鱼时使用的网具很大、网目很小，即便是幼小的海洋生物也不易逃脱。时值禁渔期间，游客捕捞上来的鱼、虾、蟹大多都还是幼苗，游客们只挑个头略大的"收入囊中"，更多的小鱼小虾被倒在沙滩边上的垃圾桶里，幼鱼仔虾惨遭厄运，如此糟蹋海洋资源，实在让人痛心。

二、贪婪和自私的代价

贪婪无度的过度捕捞和不加选择的海底拖网捕捞已成海洋之痛，是破坏海洋生态平衡、损害海洋生物资源的最重要原因，带来的危害也引起人们的重视。越来越多的人开始意识到：无节制地向海洋索取资源，终有一天会让人类走向绝路。

1.影响海洋生命的结构

杜克大学生物学家拉利·克劳斯说："生态系统最顶层生物的消失必然会带来一系列连锁反应，最坏的后果是，终有一天，海洋将成为没有生命的死水。"海洋系统并不是相互分割的，从表面上来看，深深的海洋似乎没有任何生命迹象，因为阳光只能到达水下几米深的地方。由于缺乏阳光、养料和氧气，海底的生存条件十分恶劣。然而，海洋也偶尔会形成一些"绿洲"，当海底的暖流和寒流相遇时会形成断面，很容易俘获一些微小的浮游植物，吸引浮游动物的"光临"，进而引来以浮游生物为食的小鱼，随后，大鱼、海龟、海鸟等高级捕食者也相继而来。类似的连锁反应也发生在海底山脉、大陆架和深层冰冷的海水的上升流中。在广阔的海洋里，这种生命"绿洲"的数量是有限的，因而十分宝贵。

过度捕捞使海洋鱼类结构发生变化，出现"山中无老虎，猴子称大王"的情形，将会导致这些海域的生态系统重建，对海洋系统的影响远超过我们的想象。大型肉食型鱼类从海洋中消失，导致小型食草鱼类繁殖旺盛，食草鱼类的尸体沉积海底，在底泥微生物的分解下生成硫化氢等有害气体，并造成该海域其他海洋生物因缺氧而无法生存，从而形成海洋的"死亡地带"。近年来，人们在切萨皮克湾、波罗的海、亚得里亚海和墨西哥湾已经发现了"死亡地带"，而且它们正在向公海扩张。2007年，鲍里斯·沃姆在美国《科学》杂志发表的研究文章指出，过度捕捞和污染正加速破坏海洋生态环境，如果维持目前的速度下去，到2048年，这些面临捕捞的种群将完全消失。英国海洋生物学家保罗说："大型海洋鱼类正在消失，如果不加制止，海洋将会变成一个充满浮游生物的可怕垃圾场。"

2.未来，我们将无鱼可吃

10年之前，加拿大生物学家在《自然》周刊上发表了世界鱼类状况预测：在过去50年间，由于过度捕捞，像金枪鱼和鳕鱼这样的大型食肉型海洋动物的数量减少了90%。尽管人们早已意识到，人类的捕捞速度超过了鱼类的自我补充速度，但这一最新的全球性数据无疑是令人震惊的。2006年，联合国粮农组织的调查报告显示：全球范围的鱼类资源中，52%被完全开发，20%被适度开发，17%被过度开发，7%被基本耗尽，只有1%的鱼类资源正在从耗尽状态中恢复。1970年，10%的欧洲渔场存在过度捕捞现象，到今天，几乎90%的欧洲渔场都处在过度捕捞的状态，40年来毫无忌惮地捕捞，使欧洲成为全球过度捕捞最严重的大洲。并且，欧洲至今没有开展限制捕捞的措施，这也难怪生活在那里的鱼类没有复苏的迹象。虽然有人提议通过建立海洋保护区、禁止捕捞的方式来恢复欧洲渔场的元气，但有学者认为，现在采取措施可能已经为时过晚。

1973年，我国机动渔船的数量大约为2.2万艘，当时，平均每马力渔船的产量比1959年下降了39%，优质鱼的比重也开始下降。如果一直保持在当时的水平上，还有可能维持捕捞能力与资源状况的基本平衡。可是，1974年以后机动渔船的数量迅速增加，1986年达到16万多艘，大大超过了资源捕捞的需要，滥捕幼鱼和产卵亲鱼的现象十分严重，平均每马力渔船的产量从50年代的1.8吨左右降至0.5吨左右，优质鱼的比例进一步减少，幼鱼和低质鱼比例上升，许多重要的经济鱼资源绝迹或不能形成专捕对象。据专家估算，我国近海渔场渔业资源每年可捕捞量大约为800万吨。但是从1997年开始，我国海洋捕捞量一直稳定在1400万吨左右。长期巨大的捕捞量是以捕捞幼鱼资源和营养层级低的劣质鱼种实现的，已经导致了渔业生态系统的严重退化。中国水产科学研究院首席科学家、海洋生物资源专家金显仕认为，我国长期不合理的捕捞方式和作业习惯加剧了传统优质渔业资源的衰退程度，并造成渔获物的低龄化、小型化、低值化等严重现象，最终导致捕捞的生产效率和经济效益明显下降。

2008年发布的《中国海洋发展报告》称，长期过度捕捞已经导致了我国海洋渔业生态系统难以逆转的严重退化。目前，我国海洋生态系统健康总体欠佳，过度捕捞直接导致鱼类种群数量下降甚至灭绝。过去，大黄鱼和小黄鱼是我国百姓餐桌上常见的美味，它们与带鱼、乌贼并称为我国近海的"四大海产"。20世纪70年代，大黄鱼捕捞量达到顶峰，一年近20万吨。然而，由于过度捕捞，如今大小黄鱼都已被列入"红色名单"，并且均被列为"易危"物种，曾经著名的大黄鱼和小黄鱼鱼汛已经不复存在。处于严重衰退状态的鱼种还包括红娘鱼、黄姑鱼、鳕鱼、鳐类等。如果人们不能克制贪婪的欲望，总有一天，营养丰富的鱼类会从人们的餐桌上永远消失。

3.造成经济损失，引发社会危机

过度捕捞会对社会经济造成严重后果。例如，由于加拿大渔业部门纵容过度捕捞，导致纽芬兰岛的鳕鱼数量急剧下降。1992年，渔民在整个捕鱼季没有抓到一条鳕鱼，造成4万人失业，整个地区的经济衰落。研究表明，几十年的过度捕捞造成食品行业每年损失几十亿美元，使许多贫困国家解决温饱问题的能力被剥夺。1950—2004年，世界海洋半数以上的经济专属区内，36%~53%的鱼群被过度捕捞，渔获量损失了近1000万吨。同时，很多政府都未意识到过度捕捞带来的巨大经济影响，也缺少保护鱼群的动力。并且，政府错误的补贴方式也是导致过度捕捞的一个重要原因，全球政府每年给渔猎产业的补贴高达270亿美元，其中大约60%用在了资助不可持续的捕鱼方式上，而这些补贴原本是用于保护鱼群规模的。过度捕捞给发展中国家的贫困人群带来了很大的负面影响，一是失去了大量的水产品，二是没有能力通过进口食物的方式来弥补这种损失，最终的后果是他们无法获得足够的营养。如果没有出现过度捕捞，鱼类食物能够养活贫困国家近2000万温饱线以下的人民。

三、如何克服捕捞渔业顽疾

完善资源监测，控制捕捞量。为了科学地确定最合适的捕捞量，需要开展海洋生物资源监测工作，以建立完善渔业资源的评估体系，为实行捕捞限额制度提供科学依据。根据渔业资源增长量，以捕捞生产现状和生产水平为基础，实施限额捕捞制度；另外，对捕捞从业人员进行培训，只有达到资格的捕捞从业人员才允许参加渔业捕捞，并且，对捕捞从业人员的数量进行严格控制，以保障传统捕捞渔民的渔业权；过高的捕捞生产能力会加速种群的衰退，应实行捕捞产量"负增长"，通过合理削减渔业生产力、控制海洋捕捞渔船数量和功率、降低捕捞强度、适度增加养殖产量等手段，保护渔业资源。此外，还应该加强渔船管理，建立渔船档案系统，清查并严惩无捕捞许可证、无船名船号、无船舶港籍等"三无"渔船。

1.选择性捕捞，控制"连带杀伤"

根据当前情况，重新制定重要渔业资源繁殖保护条例；修订《水产资源繁殖保护条例》，制定分鱼种最小可捕捞长度标准，实行最小网目尺寸管理和幼鱼比例检查制度；通过建立海上加工基地等方法加快渔获物的管理，并加快研究副渔获的分离技术，以有利于对生物多样性的保护。加快制订捕捞渔具准用目录，并加大执法力度，坚决取缔各种禁用的渔具；强化捕捞许可管理措施，建立健全渔业捕捞许可管理规定，并合理配置捕捞生产结构和作业类型比例。要控制"连带杀伤"，捕鱼采用的技术应当能避免伤害非目标动物。

2.实行禁渔期，建立保护区

切实实施休渔制度，加强休渔期间的港口管理、海上检查以及休渔效果的评价工作；并通过在鱼类产卵和幼鱼生长的区域、海底、现在仍未受到人类大规模干扰的原始海域、珊瑚礁区等重要区域建立保护区的方式，加强对重要渔业对象产卵群体和补充群体的保护。

发展海洋牧业，实现可持续发展。海洋牧场是指在某一海域内，采用一整套规模化的渔业设施和系统化的管理体制（如建设大型人工孵化厂，大规模投放人工鱼礁，全自动投喂饲料装置，先进的鱼群控制技术等），利用自然的海洋生态环境，将人工增殖放流的经济海洋生物聚集起来，进行有计划、有目的的海上放养鱼、虾、贝类的大型人工渔场。

人工增殖放流就是用人工方式向海洋、江河、湖泊等公共水域放流水生生物苗种或亲体的活动。增殖放流在渔业中的作用越来越重要，通过多年的增殖放流，黄渤海的中国对虾、海蜇、梭子蟹等多种渔业资源呈大幅度增长态势，不仅补充和恢复了山东海域生物资源的群体，也产生了可观的经济效益和生态效益。此外，对于大黄鱼等濒危物种，增殖放流可以增加其数量，起到保护濒

图7-7 各种材料与形状的人工鱼礁

图7-8 獐子岛"海洋牧场"丰富的物产

图7-9 2011年,我国首个热带海洋牧场在三亚开建

危物种的作用。

　　人工鱼礁的投放不仅能改善海域生态环境,还能为海洋生物的栖息、生长和繁殖创造条件,营造鱼类"窝巢"。实践证实,人工鱼礁具有较明显的聚集鱼群的效果,使滞留在礁区的鱼类得到增殖,并且鱼礁还可以作为水下障碍物,限制某些渔具在禁渔区内作业,起到拯救珍稀濒危生物、保护生物多样性的作用。因此,人工鱼礁被誉为"蓝色渔场的守护神"。2012年3月9日,

CCTV-10《走近科学》栏目播出了纪录片"揭秘海底聚宝盆",讲述了中国科学院海洋所科研人员利用废旧渔船、牡蛎壳、水泥块等建造人工鱼礁、海底森林的事迹。

在我国,辽宁省最先提出建设海洋牧场,目前獐子岛建有我国最大的海洋牧场,面积达2000平方公里,通过人工鱼礁投放、海底绿化建设,发展可持续的蓝色农业。海洋牧场内生物丰富,甚至在这一海域多年不见的刀鱼、安康鱼等也被人工鱼礁、人工藻礁等所吸引,成群出现在人们营造的栖息家园里。海洋牧场作为一种新型生产模式,更加注重对生物资源的养护和补充,并可实现物质和能量的多营养级利用,可有效降低投饵等人为活动对海洋环境的不利影响,而且还能起到生境修复和资源管理的功效,集环境保护、资源养护、人工养殖和景观生态建设于一体。中国科学院海洋研究所副所长杨红生就曾说:"构建中国特色的海洋牧场是再现美丽中国碧波万顷、海阔鱼跃秀美图景的重要途径。"

3.加强监督与教育

加强监督和执法,明确捕捞渔民的权利和义务,打击非法捕捞。保证渔民没有超额捕捞,没有在禁渔期和禁止捕鱼的区域内捕鱼,让违反规定的渔民付出相应的经济代价。对于一般的消费者来说,控制自己的口腹之欲,不吃濒危物种、珍稀鱼类。同时,也可以通过购买"环境友好"的渔业产品来支持捕鱼技术的优化,减少"连带杀伤"。

4.借鉴发达国家经验,促进休闲渔业健康发展

澳大利亚、日本等发达国家在休闲渔业健康发展方面所采取的多项措施,值得我们参考和借鉴。澳大利亚的管理手段:①数量限制:限制游钓海水鱼的种类和捕获条数,如在39种一般用于游钓的海水鱼类中,数量限制的范围从2~20条不等,一般的鱼和无脊椎动物的数量限制是20条。②渔具限制:休闲渔业也实施渔具限制,在游钓活动中不能使用超过4根钓鱼的线,每条线仅可安装3个钩;潜水捕捞者不能使用任何水中呼吸的工具或任何氧气设备,不能使用爆炸用品,在夜里不能用灯光叉鱼、不能用枪或火器打鱼,鲍鱼、龙虾等种类只能用手捉。③禁渔区和禁渔期:有许多地方对休闲渔业实施永久的或季节性的禁渔。所有的海洋公园以及为保护当地鱼种或洄游鱼类所特别划定的海洋保护区内,都不允许钓鱼。④休闲渔业专用鱼类:指定一些鱼类专门用于游钓,例如,所有金枪鱼品种都受保护,不得进行商业捕捞,还有

一系列品种是通过渔具限制实施部分保护。很多濒危鱼种是完全禁止进行休闲渔业的。日本政府所采取的措施：为了强化管理，中央和地方都增设了休闲渔业组织；由国家立法实施游钓准入制度，并对游钓船的使用情况和游钓的主要品种与产量进行登记；加大投入，建造人工渔场，改善渔村渔港环境，完善道路、通信等基础设施建设，保障休闲渔业持久健康发展。日本对人工渔礁的研究非常细致和深入，人工渔礁的投放从根本上限制了底拖网作业，海底从平坦变为高低不平，再加上人工放流各种鱼苗，使原本日趋衰退的近海渔业资源得到了恢复性增长，为休闲渔业的发展创造了条件。

第三节　打造绿色水产养殖，避免自身污染

一、海水养殖成为污染源

长期掠夺性捕捞使我国的海洋渔业资源几近衰竭，很多传统的经济鱼、虾、蟹类资源已经基本绝产。海水养殖在我国蓝色农业中的地位越来越重要，2010年，我国海水养殖产量占海洋渔业产量的比重已达到52.99%。海水养殖缓解了海洋捕捞给海洋资源带来的巨大压力，也给养殖户带来很大的经济利益，同时也为无鱼可捕的渔民提供了另一条生存之路。但是，从20世纪60年代发展到今天，海水养殖业逐渐陷入高密度、超容量的"过度养殖"困境，海水养殖资源供需矛盾进一步加剧，养殖区生态环境日趋恶化。

1.过度投饵造成近海富营养化

我国近岸海域的主要污染因子是无机氮和活性磷酸盐，其来源除了河流和城市生活污水入海之外，鱼、虾、贝类海水养殖因素不容忽视。海水养殖过程中的污染物主要是残饵、粪便和排泄物中所含的营养物质氮、磷，还有悬浮颗粒物及有机物，这些污染物对养殖水体自身及邻近水体的影响都是相当大的。例如，在围垦养殖区对虾的养殖中，需要人工投喂大量配合饲料和鲜活饵料，往往造成投饵量偏大、池内残存饵料增多。以对虾产量与合成饵料的用量之比为1：2.5计算，其饵料残渣和代谢产物、粪团、蜕壳等所形成的各种颗粒状态和溶解状态的富营养化物质占到总饵料量的50%以上，成为不可忽视的污染

源。由于虾池每天需要排换水，所以每天都有大量污水排入海中，加快了海水的富营养化。海水网箱养殖鲑鱼中，投入的饵料有20%未被食用，成为输出废物；有80%的氮被鱼类直接食用，但是其中仅有约20%被有效利用，其余部分都以污染物的形式排入水环境中。海水养殖业的迅速发展，造成了海水水质恶化，氮、磷等的富集导致水体富营养化，进而诱发赤潮。例如，2005年，河北省约有4921.5平方公里的养殖池塘含无机氮404吨，无机磷40.4吨，养殖区水体富营养化严重，许多赤潮就发生在养殖区内以及邻近海域。

2.滥用药物危害海洋环境

为了增加海产品产量、追求利润最大化，人们常常会盲目地增加养殖密度。养殖密度不科学的增加，导致了许多环境问题，其中就包括养殖物种病害的频繁发生。为了预防养殖疾病、清除敌害生物与消毒，人们便在养殖过程中大量使用化学药品。例如，为了杀灭寄生在三文鱼体表的海虱，苏格兰养殖户施用大量化学药物，这些毒性强烈的农药不仅在增加三文鱼产量方面收效甚微，还对当地海洋环境造成了污染，对龙虾、螃蟹和明虾的生长构成了巨大威胁。2004年，浙江省某些养殖户在贝类、螺类养殖过程中使用三唑磷（俗称"一扫光"）等农药，三唑磷可以为贝类、螺类除虫害，但也能够毒死该水域的鱼蟹等，造成浅海滩涂大量养殖物种死亡，经济损失约200万元。目前，三唑磷等农药仍被广泛使用，但没有相关的法律、法规对其使用进行规范管理，并且三唑磷挥发较快，容易被海水稀释，势必会进一步加重海洋环境污染。

3.残饵沉积造成底泥缺氧

养殖区底泥中碳、氮和磷的含量明显高于周围海域，并且底泥中经常有残饵富集，例如对虾的残饵、粪便沉积在池底形成有机污染，深度可达30~40厘米。堆积在底泥中的残饵和粪便促使微生物活动加强，加速营养盐的再生。同时，在养殖过程中，死亡的生物体沉降在底泥上，它们的分解也消耗了底泥里的氧气，在缺氧条件下会产生硫化氢和氨气等有毒气体。如珠江口牛头岛深湾网箱养鱼区沉积物中的硫化物含量要比湾外海域自然沉积高出10倍以上。硫化氢是一种酸性气体，气味如臭鸡蛋，可以麻痹嗅觉神经，除几种硫氧细菌之外，大多数生物都无法生活在硫化氢的环境中，因此，若底泥中含有大量有机物，原来居住在该海域的生物很快就会逃离到氧含量高的海域。2011年的一份调查显示，苏格兰共有54家渔场的环境质量被评为"差"，主要原因是"海底具有太多的化学残留物"。

4.遗传多样性受到威胁

养殖鱼种具有快速生长的特点，但是在选育过程降低了野外存活能力，若养殖鱼类出现逃逸，与野生鱼杂交，便会损害野生鱼的基因资源。如养殖的大马哈鱼的存活率只有野生大马哈鱼的1/50，野生大马哈鱼会洄游到它们孵化的溪流，而饲养的大马哈鱼不做这种产卵迁移，当逃逸的养殖鱼与野生鱼交配时，就会减少自然群体的遗传多样性，降低了鱼类的免疫力与环境适应能力，进而给这个种群带来不利的甚至是毁灭性的深远影响。而且，与野生鱼相比，养殖鱼可能会携带大量的传染性病原体，更容易暴发疾病，对野生鱼和其他海洋生物造成潜在危害。另外，海水养殖（尤其是单一的海水养殖）还会使得近岸生态系统非常脆弱，一旦暴发大规模的养殖病害，就会给整个近岸生态系统造成不可估量的损失。

二、打造绿色水产养殖

1.实现生态养殖，控制自身污染

在养殖区，科学合理搭配适宜的鱼、虾、贝、藻，进行混养、轮养、立体养殖，将养殖区的各种生存空间和食物资源充分利用起来，能够有效缓解由海水养殖带来的水体富营养化问题。例如，在养虾池中混养海湾扇贝、太平洋牡蛎和一些草食性的鱼类，能够使虾池中多余饵料和对虾无法利用的多余浮游生

图7-10　荣成烟墩角水产有限公司通过打造生态养殖模式，实现了养殖业的可持续发展

物为鱼类、贝类充分利用，既可以缓解虾池自身的污染问题，也能增加总体经济效益。此外，在养虾池内繁殖浮游植物也是改善水质的重要技术措施之一，养殖池中的浮游植物总量与养殖池溶解氧水平直接相关，其中中等浮游植物量的养殖池溶解氧水平最高，因此，可以通过控制浮游植物水平来维持良好的水环境。发展比较成熟的海水生态养殖模式还有：海带与贻贝、牡蛎或扇贝等贝藻立体养殖，海带与紫菜立体套养，贝、藻和海参立体养殖，鱼、贝和藻立体养殖等。

2.轮换养殖，发挥海水自净能力

长时间网箱养殖会造成该海域营养盐、硫化物明显增加，海水水质也会明显变差。因此，在某海区养殖一段时间后，可以将网箱换到新海区。在藻类、微生物的作用下，污染物会得到降解，等到原来的海区水环境得到改善后再进行养殖，轮换养殖是减少海水养殖污染的有效方法之一。

3.控制药物滥用

据统计，我国的水产养殖病害多达170种，使用的中西药物近500种，包括化学消毒剂、抗菌素、激素、疫苗等，种类繁多，使用缺乏规范。许多药物使用后残留在水体、底泥和生物体内，这些药物会通过食物链富集到水产品中。因此，必须制定规范，加强监管，严格控制药物滥用。

4.避免盲目引种

引进新的经济鱼种是发展渔业的一个重要手段，但是海水养殖引种除了造成生物入侵之后，还有可能伴随外来病原生物的传播，损害当地的养殖物种，造成严重的生态影响，因此，必须对引种给予高度的重视。在引种之前要进行充分调查，分析引进种与本地生物种群的相互关系，衡量利弊，避免盲目引进物种。在引种的过程中，必须做好检疫工作，建立健全引种管理体制。对待转基因生物，要有正确的认识，不能仅考虑一时的得失。

第四节　多措并举，保障海产品安全

一、海产品安全堪忧

近年来，海产品污染事件受到社会越来越多的关注。大量的海洋公报和研究报告显示，海产品正饱受重金属污染、赤潮毒素和药物滥用之害。

1.污染严重的陆源排海

广东省海洋与渔业局发布《2010年广东省海洋环境质量公报》称，2010年珠江八大入海口携带入海的污染物约108.1万吨，导致部分贝类体内重金属含量严重超标，陆源污染每天都发生在我国海岸线众多的河流入海口。海洋局的调查发现，我国近岸和近海海域的主要污染物80%以上来自陆源排污。每年上百亿吨的工业污水和生活污水携带大量的有害物质排放入海，造成近岸海域水质恶化。《2010年中国海洋环境质量公报》称："2010年河流携带的化学需氧量、氨氮和总磷入海量较上年明显增加。总磷、化学需氧量和氨氮等主要污染物的达标率均有所提高，但入海排污口邻近海域环境质量状况较上年未见明显改善，部分排污口邻近海域环境质量较差。"

中国水产科学研究院东海水产研究所所长、中国水产科学研究院重点研究领域首席科学家陈雪忠认为，东海的陆源入海污染源有三大块：一是化工厂直接排放入海的含磷、含氮和含重金属废水，二是农田受雨水冲刷入海的农药，三是下水道入海的未经处理的生活污水。其中，对海洋环境污染最为严重的当属工业废料，如砷、铜、铝、汞、镉等。重金属污染最为严重的是生活在底栖的贝类。2007年，武汉理工大学黄长江教授发现，广东湛江港海域口虾蛄和杂色蛤镉超出食用标准，并且该海域海产品镉的污染程度呈现明显加重趋势。2011年，广东近海多种海产品受到污染，鱼类、甲壳动物、软体动物铅、汞、镉等元素严重超标，珠江口生蚝铜超标达740倍。排泄物、沟渠积物、食物等有机物在细菌的分解下，产生大量的氨、硫、硫化氢等有毒物质。鱼类的鳃、肌肉和脂肪能够累积比附近海水浓度高出2000倍的污染物。如果人食用了这些受到污染的海产品，也会造成中毒症状，严重危害生命健康。

2.不得不防的致病菌、病毒

水产品最常见的生物性危害当属细菌中的致病菌。海产品被细菌污染后，细菌及其毒素会引起细菌性食物中毒。而且，细菌作用引起海产品腐败变质，会进一步产生很多有毒物质。例如，巴鱼等青皮红肉鱼类和海蟹等因细菌污染而变质，会引发过敏性组胺中毒。夏季海产品中副溶血性弧菌的带菌率平均高达90%以上，以墨鱼、海蟹为最高，其次是带鱼、大黄鱼等。每年7～9月是我国沿海地区副溶血性弧菌食物中毒高发期。2005年10月，重庆市白市驿"渝川度假村"食物中毒事件便是由海产品引起的，造成了100多人中毒住院，而该事件的"罪魁祸首"就是海产品中的副溶血性弧菌。某些病毒会引起与水产品有关的疾病，如甲型肝炎病毒、诺沃克病毒等。滤食性贝类会过滤大量的水，例如，一只牡蛎每天过滤的水量高达700~1000升，而病毒却被截留在体内，因此，这些贝类体内富集的病毒要远高于周围的海域。1988年，上海30万人甲肝病大流行，就是因为感染者食用了被甲肝病毒污染又没充分加热的毛蚶而引起的，这一事件已被载入世界病毒感染史册。

3.致命的赤潮毒素

赤潮发生时，某些藻类分泌的赤潮毒素可能会污染鱼、贝类等生物，并且鱼、虾、贝摄食了含有毒素的赤潮生物后也能引起中毒，严重时导致死亡。人吃了含有毒素的海产品，可能发生胃肠道紊乱、神经系统麻痹、记忆力丧失等食物中毒症状，甚至导致疾病流行和传播。赤潮海鲜中毒有许多种，我国以麻痹性贝类中毒和腹泻性贝类中毒最为常见，而引起这两类中毒的海鲜则以扇贝、紫贻贝、巨石房蛤、巨蛎等为主。目前，对这两类赤潮毒素还没有特效药，病人出现中毒或呼吸困难等症状时，可以采用催吐、洗胃、人工呼吸等应急措施。2005年，浙江舟山和温州附近海域发生了面积约7000平方公里的特大赤潮灾害，赤潮含有麻痹性贝毒素成分，因该海域捕捞的海产品可能对人体有影响，大量的海产品不得不被销毁。

4.可怕的抗生素

国外对海产品的检验要比我国自定的标准更加严格和规范。近年来，我国出口的海鲜时常发生退回事件。氯霉素是一种广谱的抑菌剂，会损害人的造血系统，导致人体血细胞和白细胞的下降。还会导致少量人群不可逆的再生障碍性贫血，严重情况下会置人于死地。2000年，出口欧盟的虾仁查出氯霉素超标，引起国际上的广泛关注。2001年4月，在舟山进行的检测结果证实，出口虾仁氯霉素残留量超过欧盟食品标准。同年11月，欧盟考察团赴我国实地考察，发现55批水产品存在药物残留超标问题。

呋喃西林与呋喃妥因是具有广谱抗菌杀虫作用的硝基呋喃类药物，在畜禽和水产养殖中被广泛使用。硝基呋喃类药物在动物体内迅速分解代谢，形成残留时间长、毒性更强的代谢产物/残留物氨基脲，我国罗非鱼、鳗鱼、小龙虾等出口水产品中多次检出氨基脲超标。2006年，上海市药监局对冰鲜或鲜活的多宝鱼样品抽检，结果显示，除重金属指标检测结果均合格外，样品中全部检出了硝基呋喃类代谢物。同时，部分样品还分别检出恩诺沙星、环丙沙星、氯霉素、孔雀石绿、红霉素等禁用鱼药残留，部分样品土霉素超过国家标准限量要求。

5.不为人知的加工过程

有些海产品在加工过程中人为地受到了污染。如CCTV《每周质量报告》

记者对广西北海的海产品市场进行调查，发现当地虾干的制作竟然是首先用工业双氧水漂白发黑发臭的虾3~4个小时，然后用工业染料花红粉或胭脂红进行染色，这样制作出来的虾干颜色鲜艳好卖。在干鱼加工过程中，为了防止鱼干生虫生蛆，少数加工商竟用敌百虫等农药进行浸泡。此外，腌制海鱼是一种保存食品的较好方法，但是为了牟取暴利，黑作坊低价收购死鱼，并且用工业盐腌制这些不明死鱼，加工成严重危害人体健康的毒咸鱼。2012年，广东佛山市警方成功捣毁了一个非法生产、销售有毒食品的黑作坊，现场缴获正在腌制的死鱼4000多斤，工业用盐4000多斤及日落红、亚硝酸钠等有毒加工物质一批。该经营者承认，仅2011年就廉价收购死鱼11万余斤，制作成4万多斤咸鱼干流向市场。面对如此骇人听闻的海产品加工手段，消费者不知会作何感想？

二、如何保障海产品安全

我国海产品污染事件接连不断，保障海产品的安全性问题已迫在眉睫。2013年7月30日，中共中央政治局就建设海洋强国研究进行第八次集体学习。中共中央总书记习近平在主持学习时强调，全力遏制海洋生态环境不断恶化的趋势，让我国海洋生态环境有一个明显的改观，让人民群众吃上绿色、安全、放心的海产品，享受到碧海蓝天、洁净沙滩。"民以食为天，食以安为先"，保障海产品安全直接关系到人民的身体健康，应该受到政府监管部门和科研人员的高度重视，只有各方共同努力，才能让我国人民吃上绿色、安全、放心的海产品。

源头控制，防患于未然。海产品是否安全，关键在于其生存的海域环境是否健康。因此，海产品的安全应该从污染源头抓起，一直以来人们对海洋环境的重视不足，而是更多地进行已上市海产品的抽检。在一些沿海地区，捕鱼船回港后，鱼虾很快就被批发、零售一空，根本没有任何检测的过程。为了避免受污染的海产品流入市场，应该加大对海产品生存环境的系统监控，对不合格的海区及时关闭，真正从源头上整治海产品安全问题，至少应开展以下几个方面的监控：水环境监测，以农药和重金属为主；沉积环境监测，以重金属为主；放射性监测，以核设施排放出的放射性人工核素为主；微生物指标监测，以粪大肠菌和弧菌为主；贝毒常规监测，以麻痹性贝毒为主，腹泻性贝毒为辅。

我国已成功研制赤潮毒素快速检测试剂盒与试纸条

赤潮毒素对海洋水产养殖业、海洋食品安全、海洋生物和人类健康构成极大的威胁和危害，甚至造成人类中毒死亡，因而建立特异、灵敏、快速的赤潮毒素检测方法是十分必要的。

我国已于2013年研制了针对记忆缺失性贝毒、麻痹性贝毒和腹泻性贝毒的8种快速检测试剂盒和4种快速检测试纸条。应用试剂盒和试纸条，对上海市售水产品和舟山养殖区的海产品进行了赤潮毒素检测。海产贝毒酶联免疫检测试剂盒的准确度、精密度均满足赤潮毒素分析技术要求，试纸条的检测也满足对赤潮毒素快速检测的要求，且其具有简单、易行等优点，可在船载、车载、岸基台站等监测系统中推广应用。

1.监测排污口，预报水环境的安全性

要想监测每一个陆源排污口难度太大，也费时费力，应该对重点排污口进行定点监测，建立污染物入海数学模式，对排污口及其附近海域进行环境容量和生态研究，掌握主要污染物入海量及其变化趋势。对重点控制海域实施断面定期监测，建立浅水区二维斜压场模拟、主要海湾环境目标和总量控制目标体系等，确定总量控制制度实施效果和污染物入海动态。以地理信息系统为平台，最终建立各海区主要污染物和有害要素分布的三维动态预测模型，通过对养殖区环境、沿岸生态环境、捕捞区环境等的实时和定时监测，结合现场的气象条件、水文条件和影响海域环境质量的其他不确定因素，对海产品生存环境的安全性进行预警报。

2.完善监管体系，减少中毒事件

作为海产品出口大国，我国的海产品出口量逐年增大。但目前欧美各国都有严格的食品安全体系和苛刻的入境标准。如果我们对海产品质量不严格把关，势必影响我国的海产品声誉和出口量，在海产品贸易中将处于劣势。所以，建立一套完善的海产品环境安全监管体系势在必行。首先，建立法律法规系统，健全的法律体系是海产品安全监管顺利推行的基础，应该建立涵盖所有海产品类别和海产品链各环节的法律体系，为制定监管政策、监测标准、预警报阈值以及质量认证等工作提供依据。其次，建立预警报系统，能够通过对监测、鉴定结果的快速综合处理，对海产品的安全性进行预警报，并有良好的信

息传送途径支持。此外，建立应急系统，国家有关部门根据国家的有关法律法规，针对沿海海产品安全状况制订相关的应急方案，可以在一旦发生海产品中毒事件时，迅速有效地控制和缩小事件对人们的危害。

────── 延伸阅读 ──────

我国蓝色农业的先驱——曾呈奎

今天，营养丰富、味道鲜美的海带、紫菜、龙须菜等已成为我们餐桌上的常见菜肴。可是谁又能想到，50年前，紫菜、海带在我国普通百姓眼中却是稀罕物，因为那个时候，我国的食用海带主要从日本等国进口。由于海带是一种喜欢低温的孢子植物，而我国海区夏天水温高，又加上北方海区是少氮的瘦水区，所以，海带无法在我国生存。如何让海带在我国广大的海区生长、繁殖，进入普通百姓的餐桌？带着这一问题，曾呈奎和一些海洋生物学家开始了艰难的自主科学研究。

"我要给老百姓的餐桌上添几道菜。"我国最早的海带养殖始于20世纪50年代，那时主要是在秋天收集海带孢子和培育幼苗，也就是所谓的"秋苗培育法"。该方法的缺点是培育的大部分海带中途夭折，且海带小、含水量大、产量低。经过不断尝试，曾呈奎解决了"秋苗培育法"的缺点，使单位面积产量增加了一倍多。随后，曾呈奎又发明了"陶罐海上施肥法"，使海带增产3倍多，并且扩大了北方海区海带栽培面积。作为寒带和亚寒带的植物，海带产地能否南移？曾呈奎等科研工作者对海带生长发育同温度的关系进行了一系列研究，终于研制成了"海带南移栽培法"。在温暖的浙江、福建海区栽培海带原本是想都不敢想的事，而今天这些地区已成为我国海带的主产区。中国海带的培育成功震惊了世界，国外藻类学专家纷纷赶来一探虚实，惊呆之余不得不相信"中国栽培海带的神话是真的"。到1985年，我国已成为世界上头号海带生产大国，海带产品年产量达25万吨，占世界年产量的80%。受海带人工养殖成功的鼓舞，曾呈奎与他的合作者又开辟了紫菜、裙带菜和龙须菜等其他海藻栽培技术的研究。曾呈奎实现着他的蓝色农业梦想——"给老百姓的餐桌上添几道菜"。

"仅就海洋而言，中国人也能养活自己。"根据海藻人工栽培的成功经验，曾呈奎认为，发展养殖业是增加海洋生物资源的唯一出路，并率先提出"海洋水产生产必须走农牧化的道路"。1953年9月，曾呈奎在《生物学通报》上发表文章，提出营造"海底藻林"。建设"海底藻林"既可以满足人们对海藻日益增长的需求，又能形成"海洋牧场"，给经济海洋生物提供必要的保护和丰富的食物。60年代初，曾呈奎提出"耕海"口号，并在

图7-11　1979年曾呈奎在西沙群岛考察

《海带养殖学》上明确提出"浅海农业"的概念。1966年年初，在他的领导下，中国科学院海洋研究所组织了"耕海队"。1980年，曾呈奎亲自领导和部署了胶州湾的"耕海牧渔"试验，三年的鱼、虾种苗放流，成效显著。1998年，曾呈奎的"走向21世纪的中国蓝色农业"课题，再次推动了这项事业的发展。针对我国面临的人口、资源、环境的巨大压力，曾呈奎向中共中央办公厅提交了题为《增强海洋意识，建设海上强国》的报告，建议国家攀登计划B中应增加有关海洋高技术的项目，海洋生物技术应成为国家863计划中不可缺少的一部分，该建议被采纳后延续至今。由此，在曾呈奎的直接组织和引领下，我国相继涌起了海水养殖"第二次浪潮""第三次浪潮"。到2000年，我国已经成为世界上第一个水产养殖产量超过水产捕捞产量的国家。

第八章

团结一致，我们就有能力保护海洋

为唤醒人类对海洋的认识与关切，2008年12月5日第63届联合国大会通过第111号决议，决定自2009年起将每年的6月8日定为"世界海洋日"。2009年首个"世界海洋日"的主题为"我们的海洋，我们的责任"。联合国秘书长潘基文就此发表致辞时指出，人类活动正在使海洋世界付出可怕的代价，个人和团体都有义务保护海洋环境，认真管理海洋资源。2013年"世界海洋日"的主题为"团结一致，我们就有能力保护海洋"。

海洋生态系统是人类最主要的自然资源提供者，海岸带资源是社会经济发展的重要物质财富，所以极有必要对海岸带资源的价值问题进行重新认识，对海洋生态系统服务功能及其价值进行科学评估。而只有把海洋生态保护提升到应有的法律高度，做到"有法可依，有章可循"，并依靠科技进步，实施"科技兴海"战略，才能从根本上、从源头上解决我国海洋生态系统面临的重重危机。加强全民海洋保护宣传教育，让大家认识海洋、了解海洋，提升全民族海洋保护意识是我国建设海洋强国之魂。其中最重要的是，要从中小学生抓起，将海洋教育纳入基础教育体系，科学引导青少年树立正确的海洋观，激发他们保护海洋、探索海洋、维护海洋权益的责任感与使命感。"三人行，必有我师焉，择其善者而从之，其不善者而改之。"在海洋生态保护方面，我们同样也应该多注重国际交流合作。总之，我们应当端正认知、依据法律、依靠科技、加强教育、注重交流，为海洋资源开发、海洋生态环境保护、海洋经济可持续发展保驾护航。

第一节　海洋资源价值知多少

一、海岸带资源是否具有价值

处于陆地与海洋交界地带的海岸带是多种海洋资源的赋予区，这里拥有着全部海洋资源种类。随着社会经济的发展，人们对海岸带资源是否具有价值的认识在不断变化。起初人们认为海岸带资源是没有价值的，而发展到现代，人们则认为一切自然资源，包括未经人类劳动参与、还未进入交易的天然的自然资源，都是具有价值的。

传统观点认为海岸带资源无价值。20世纪80年代初期以前，人们对海岸带资源只是一味索取、掠夺，海岸带资源的开发利用实际上长期以来都是处于"谁发现、谁开发、谁所有、谁受益"的无序状态。导致这些不合理现象出现的主要原因在于，传统观念认为海岸带资源是天然存在的，没有人类劳动的参与，可以直接取之于自然界，因而不具有价值。一般来讲，价值作为调节社会经济生活资源配置的杠杆主要体现在商品领域，人们认为只有能够买卖的东西才有价值，而海岸带资源作为一种天然存在的自然物，不存在买与卖的问题，因而人们认为它是没有价值的。鉴于海岸带资源的自然再生是一个漫长而复杂的过程，随着沿海区域经济的快速发展与城市化进程的飞速进行，海岸带资源的开发利用与资源的长期供给之间的矛盾日益突出。因此，人们逐渐认识到传统的资源价值观难以适应现代社会经济的发展，必须重新认识海岸带资源的价值问题，"财富论""效用论"和"地租论"等现代的海岸带资源价值观也由此产生。

财富论：劳动和资源一起创造财富。"劳动是财富之父，土地（自然资源的代名词）是财富之母"（威廉·配弟），劳动和资源一起创造财富。"财富论"认为，海岸带资源是具有价值的东西，是一种自然财富，是社会经济发展的重要物质基础。我国海岸线长达18000千米，近海拥有丰富的自然资源和人文资源。其中，滩涂资源约2万平方公里，开发利用潜力巨大；水产资源丰富，2012年全国水产品总产量达5906万吨；共有105个海湾，大部分具有良好的建港自然条件，可供选择的中级泊位以上的港址有160多个；沿海旅游资源丰富，海岸线绵延曲折，滨海地貌类型繁多，气候多样，不乏风景秀丽的自然景观、名胜古迹等；近海油气资源和海洋能资源丰富，海底石油可采储量约3000亿吨，沿海海洋能总蕴藏量至少在10亿千瓦以上；滨海砂矿主要分布在胶辽和华南沿海两大成矿带，种类达60种以上，各类砂矿总储量约31亿吨。此外，沿海地区已成为我国对外开放的前沿阵地和发展外向型经济的主要通道，我国已建立的多个经济特区、经济技术开发区、开放港口城市和保税区等都分布在海岸带上。

效用论：关注海岸带资源的有用性和稀缺性。效用论认为，海岸带资源有价值，首先取决于海岸带资源对人类的有用性。"效用论"从价值哲学的角度出发，认为只要客体能够满足主体需要的某种功能或功效，那么这种客体就是有价值的。海岸带资源作为客体，它能够满足作为主体的人类的某种需要，对人们生产、生活及经济社会的发展都起着重要的作用，也就是说海岸带资源对人类的发展具有重大的效用，因此它是有价值的。而"物以稀为贵"，海岸带资源价值的大小，同时还取决于资源的稀缺性。

地租论：真正的地租是为了使用土地本身而支付的。马克思的地租理论也同样适用于海岸带资源，马克思认为"地租的占有是土地所有权借以实现的经济形式""真正的地租是为了使用土地本身而支付的，不管这种土地是处于自然状态，还是已被开垦""地租是为了取得使用自然力或者（通过使用劳动）占有单纯自然产品的权利而付给这些自然力或单纯自然产品的所有者的价格""地租表现为土地所有者出租一块土地而每年得到一定的货币额"。马克思的这些论述表明，无论是自然状态的土地（资源），还是已被开垦的土地，都可以收取地租。因此，海岸带资源是有价值的。

"财富论""效用论"和"地租论"均反映了现代人们对于海岸带资源是否有价值的认识。通过这些理论，我们可以推断，海岸带资源的有用性、稀缺性以及其所有权的存在决定了海岸带资源的价值存在与否。其中海岸带资源的有用性是其价值的基础，稀缺性是其价值的条件，而海岸带资源的所有权保证了海岸带资源所有者可以获取一定的资源地租。

二、海洋生态系统服务功能

海洋作为地球上综合生产力最大的生态系统，为我们创造了巨大的经济、社会、生态环境财富。海洋生态系统能够为我们提供食品、初级生产和次级生产资源、生物多样性资源等，其在全球物质循环和能量流动中的作用也日益受到人们的高度重视。据世界海洋独立委员会估算，全球海洋每年为人类提供的生态服务价值为461220亿美元，平均每平方公里的海洋每年给人类提供的生态服务价值为57700美元（资料来源：《海洋：我们的未来》，世界海洋独立委员会报告，1997年）。随着沿海经济的快速发展，人们对海洋生态系统服务的需求日益加强。与此同时，人们对海洋生态系统的破坏也在增强，甚至导致部分地区生态系统服务能力呈现下降趋势。因此，对海洋生态系统服务及其价值进行科学评估，并研究探讨一些典型的人类活动对海洋生态系统服务的影响，对于合理开发和保护海洋、促进海洋生态系统的可持续发展具有重要的战略意义。

陈尚等基于Daily关于生态系统服务的定义，将海洋生态系统服务阐述为：由海洋生态系统及其生态过程所提供的、人类赖以生存的自然环境条件及其效用。基于联合国千年生态系统评价的框架，充分考虑我国海洋生态系统的特征，建立了我国海洋生态系统服务功能的基本分类体系。我国近海生态系统服务功能归纳为：供给功能、调节功能、文化功能和支持功能4个功能组14类功能。

供给功能。指海洋生态系统生产或提供产品的功能，包括食品生产、原料供给、氧气提供、提供基因资源。①食品生产功能：指海洋生态系统提供给人类海产品的功能。这也是我们最为熟悉的一项服务功能。各种海产鱼、虾、贝、蟹、大型和微型藻类以及其他可食用的海产食品，不仅味道鲜美，而且营养丰富。据统计，人类消费的动物性蛋白中约有22%是海洋渔业提供的。②原料供给功能：指海洋生态系统提供的医药原料、化工原料和装饰观赏材料的功能。鱼、虾、蟹、贝、藻均可作为医药原料和工业原料，如螺旋藻富含优质蛋白质、多种维生素、矿物质及生物活性物质，在食品、药品等领域应用广泛；以甲壳类生物为原料提取的几丁质，可作为制造人造皮肤和手术缝合线的天然原料；许多海洋生物如海星、海螺、贝壳等可作为装饰和观赏的材料。③氧气提供功能：海洋植物通过光合作用生产的氧气，能够进入大气为人类享用。海洋和森林被称为是地球的两叶肺，且与我们人类的肺相反，它吸入的是二氧化碳，呼出的是氧气。据估算，地球大气中约有40%的再生氧气是由海洋浮游植物提供的。④提供基因资源功能：指海洋动物、植物、微生物所蕴含的人们已利用的和具有开发利用潜力的遗传基因资源。如海水养殖中的杂交育种、种质改良就是这一服务的利用方式之一。由于现有科学技术水平的限制，我们还无法熟知海洋基因资源的全部利用价值，而该项服务不仅包括已被我们所利用的海洋基因资源所带来的效用，而且更侧重于海洋生态系统为人类提供潜在遗传资源的能力，对未利用的基因资源应加以保护。

调节功能。指调节人类生态环境的生态系统服务功能，包括气候调节、废弃物处理、生物控制、干扰调节。①气候调节功能：海洋生态系统通过调节空气气温、湿度，生产/吸收温室气体，来调节气候。因此，海洋被看作是地球村的"中央空调"。②废弃物处理功能：指人类生产、生活产生的废水、废气等通过地面径流、直接排放、大气沉降等方式进入海洋，经过净化最终转化为无害物质的功能。海洋分解、降解、吸收、转化废弃物，可大大减少垃圾处理费用。例如，海滨湿地的红树林植物，可通过截污和过滤作用净化水质。③生物控制功能：自然界没有任何一种生物能够离开其他生物而单独生存和繁衍。在海洋生态系统中，生物之间存在着互利共生、竞争、抗生等关系。在近海富营养化海区，可以利用浮游动物和高等水生植物抑制赤潮生物，就是利用了海洋生态系统的生物控制功能。④干扰调节功能：例如，红树林、珊瑚礁生态系统是对付海啸的天然屏障。

文化功能。指人们通过精神感受、知识获取、主观印象、消遣娱乐和美学体验从生态系统中获得的非物质利益，包括休闲娱乐、文化用途、科研价值。①休闲娱乐功能：海洋能够为人们提供观光、游泳、垂钓、潜水等休闲娱乐的功能。海南省利用海洋的休闲娱乐功能，在海南省"海洋强省蓝图"中划分出旅游休闲娱乐区46个；根据《广东省海洋功能区划（2011—2020年）》，广东省有旅游休闲娱乐区47个。②文化用途功能：海洋提供影视剧创作、文学创作、教育、美学、音乐等的场所和灵感的功能。自古以来，文学作品中就不乏赞美大海的诗词，许多以大海为对象抒发情怀的歌曲更是脍炙人口，例如影片《大海在呼唤》的主题曲《大海啊故乡》等；好莱坞电影《泰坦尼克号》和《派的奇幻漂流》等影视巨作也都是以海洋为主要取景场所。③科研价值功能：海洋提供的科研的场所和材料的功能。单以海洋公益性行业科研专项项目为例，2012年即立项34个项目，经费预算约4.85亿元，涉及海洋综合管理、海洋生态保护、海洋防灾减灾等领域。

支持功能。指保证上述生态系统服务功能所必需的基础功能，包括初级生产、营养物质循环、物种多样性维持。①初级生产功能：通过浮游植物、其他海洋植物和细菌生产固定有机碳，为海洋生态系统提供物质和能量来源。②营养物质循环功能：包括氮、磷、硅等营养物质在海洋生物体、水体和沉积物内部及其相互之间的循环支撑着海洋生态系统的正常运转；海洋生态系统在全球物质循环过程中为陆地生态系统补充营养物质。通过大气沉降、入海河流、地表径流、排污等方式进入海洋的氮、磷等营养物质被海洋生物分解、利用，进入食物链循环，通过收获水产品方式从海洋回到陆地，部分弥补陆地生态系统的损失。③物种多样性维持功能：海洋不仅生活着丰富的生物种群，还为其提供了重要的产卵场、越冬场和避难所等庇护场所。如红树林生态系统就维持着很高的生物多样性，被誉为"海上森林"和"鸟类天堂"。

三、广东近海海洋生态系统服务功能价值评估

海洋生态系统服务和价值评估研究是海洋生态经济发展的理论基础，其不仅能够为海洋可持续利用和管理决策的制定提供生态经济理论支持，还可以为合理征收海域使用金、确定海洋污染或生态破坏事故赔偿金提供一定的科学依据。

李志勇等采用市场价格法、替代成本法、成果参考法等生态经济评估方法，对广东近海海洋生态系统服务价值进行了定量估算。2009年，广东近海海洋生态系统服务总价值高达2034.05亿元，相当于广东海洋经济总产值（6800亿元）的29.9%。其中，文化服务价值最大，占49.40%；其次为调节服务价值，占33.92%；供给服务价值最小，占16.68%。评估结果反映出近海海洋生态系统为广东海洋经济发展提供的服务价值巨大，其健康与稳定对支撑广东海洋经济的可持续发展具有重要意义。但同时也揭示出广东省近海污染物处理能力非常有限，在进行海洋资源开发利用的过程中，要高度重视海洋环境保护和海洋生态系统保育，走可持续发展的海洋开发之路。同时还可发现广东省海洋生态资源开发程度较低、产业结构仍以传统产业为主、海洋开发技术水平不高等问题，这与《广东海洋经济综合试验区发展规划》中对广东省海洋经济发展现状的评价是一致的。贯彻落实《广东海洋经济综合试验区发展规划》，不仅是广东从海洋经济大省到海洋经济强省转变的重要保障，同时也是提升广东近海海洋生态系统服务价值的有效途径。

第二节　依法治海

一、以法律为依据保护海洋生物多样性

我国政府率先批准签署了《生物多样性公约》，并编制了《中国生物多样

性保护行动计划》《中国海洋生物多样性保护行动计划》《中国湿地保护行动计划》等多项具体行动计划，为海洋生物多样性保护提供了法律依据。《中国21世纪议程》中特别强调"在维持海洋生物多样性的同时提高沿海居民的生活水准"。此外，《中华人民共和国海洋环境保护法》《中华人民共和国野生动物保护法》《中华人民共和国渔业法》《中华人民共和国自然保护区条例》《海洋自然保护区管理办法》等法规中均涉及有关海洋生物多样性保护的条款。

二、山东省首次实施海洋生态红线制度

海洋生态红线制度是指为维护海洋生态健康与生态安全，将重要海洋生态功能区、生态敏感区和生态脆弱区划定为重点管控区域并实施严格分类管控的制度安排。

渤海处在辽宁、河北、山东、天津三省一市之间，三面环陆，是我国唯一的半封闭性内海，自身水体交换极为缓慢，纳污净化能力非常有限，环境承载能力很弱。《2012年山东省海洋环境公报》指出，虽然2012年山东省符合第一类海水水质标准的海域面积约占其毗邻海域面积的90%，但劣四类海水水质面积与2011年相比有较大幅度增加，赤潮、风暴潮等现象较为严重，部分实时监测的河口、海湾等典型海洋生态系统处于亚健康和不健康的状态。

2012年，国家海洋局为渤海设定生态保护红线，出台了最严格的保护政策。《关于建立渤海海洋生态红线制度的若干意见》中提出，要将渤海海洋保护区、重要滨海湿地、重要河口、特殊保护海岛和沙源保护海域、重要砂质岸线、自然景观与文化历史遗迹、重要旅游区和重要渔业海域等区域划定为海洋生态红线区，并进一步细分为禁止开发区和限制开发区，依据生态特点和管理需求，分区分类制定红线管控措施。渤海海洋生态红线制度的提出，对于维护渤海海洋生态安全、保障环渤海地区社会经济可持续发展具有重要的现实意义。自2013年起，山东省将首次实施海洋生态红线制度，生态红线控制区面积将占到近岸渤海海域面积的40%以上。

三、广西壮族自治区依法保护沿海生态

由国家颁布实施的《中华人民共和国海洋环境保护法》等一系列法律法规为保护海洋环境提供了法律依据。然而，若要保障国家有关海洋法律法规的切

实执行，还需在此基础上进一步完善地方性的法规实施体系，制定海域使用、环境保护、自然保护区等管理领域的规范性文件和实施方案。只有进一步完善法律法规，才能够真正为我们进行海洋生态保护打下基础。近年来，广西壮族自治区颁布了《海洋灾害区划》，先后启动了《广西海域海岛海岸带整治保护规划（2011—2015年）》《广西海岸保护与利用规划（2011—2020年）》等规划的编制工作。《广西海域使用权收回补偿办法》已于2012年6月1日正式施行，《广西海洋环境保护条例》也被正式列入立法计划。通过颁布实施这些法律条文，保证了广西壮族自治区北部湾沿海生态环境得到有效保护。

四、海洋生态补偿仍无法可依

海洋生态补偿制度具体是指海洋使用人或受益人在合法利用海洋资源过程中，对海洋资源的所有权人或为海洋生态环境保护付出代价者支付相应的费用，目的是支持与鼓励保护海洋生态环境的行为。作为保护或改善海洋资源环境的一种有效手段，现有的海洋生态补偿政策主要包括三方面的内容：首先是对海洋环境本身的补偿，例如为了恢复和改善海洋生态环境、增殖和优化渔业资源，建设人工渔礁、设立海洋自然保护区等；其次是对个人、群体或地区因保护海洋环境而放弃发展机会的行为予以补偿，例如对支持海洋渔业减船转产工程、实施渔船报废制度、退出海洋捕捞的渔民给予补贴等；再次是制止破坏海洋环境的问题，或是让海洋环境保护成果的"受益者"支付相应的费用，如征收海域使用费、自然保护区保护管理费、渔业资源增殖保护费等。

目前，我国还没有专门针对海洋生态补偿的法律法规，立法部门已经制定的许多涉及海洋生态补偿的法律法规均涵盖在其他法律法规中。只有把海洋生态补偿提升到应有的法律高度，从立法上重视起来才能实现生态补偿的目标。浙江、山东、宁波等沿海地区正在开展海洋生态损害补偿赔偿的地方立法工作，天津、山东、广东等地海洋主管部门开展了向海洋生态损害责任者索赔的实践。这些沿海地区在海洋生态损害补偿赔偿领域作出的积极探索将为国家层面的海洋生态损害补偿赔偿立法提供有益的经验。

为落实国务院赋予海洋部门"承担海洋生态损害的国家索赔"的新职责，国家海洋局将制定出台《海洋生态损害补偿赔偿办法》及相关标准，建立健全海洋与海岸工程生态补偿、生态污损事故赔偿等海洋环境经济政策。另外，我国目前的海洋管理是由多个部门共同进行的，需要在理顺部门之间、行业之间利益关系的基础上，设立一个综合性的海洋管理机构，专司海洋生态补偿各项工作，沟通协调各方利益，对海洋生态补偿的公共政策实施进行监督和评估。

第三节　科技兴海

20世纪90年代初，沿海地区掀起了"科技兴海"热潮。经二十年左右的发展，"科技兴海"工作取得了很大成绩，加快了海洋科技成果转化和产业化，增强了开发利用海洋资源的能力，促进了海洋经济的快速发展。

一、海洋产业升级，减少海洋污染

如前所述，陆源污染依然是对海洋生态的最大威胁。浙江台州市有长三角"城市矿山"之称，该市的拆解业一度被当做支柱产业，但同时也有部分污染物最终汇入大海，带来了严重的环境问题。为了实现产业升级，台州市将地处城郊的金属再生产业园区整体搬迁到沿海围垦区，拿出专项资金扶持企业采用先进的工艺设备，实行"固废入园—各厂区集中加工—成品出园"的运行模式，进一步完善了"三废"的处置。另外，浙江临海医化园区注重产学研一体化，自2011年开始，与浙江大学合作引进"浙江省绿色制药研究院"，与浙江医药高等专科学校初步达成创办实训基地的意向，关停及转型重污染企业8家，淘汰污染较重产品项目30多个。新园区以"绿色药都"作为战略定位，制定了严格的入园环保标准，重点瞄准生物医药等高新技术项目。如今，穿行于浙江临海医化园区，拂面而来的微风清新自然，以往与这一产业如影随形的恶臭已基本消失。

二、"科技兴海"引领广东海洋经济

2011年7月5日，国务院正式批复了《广东海洋经济综合试验区发展规划》，根据规划要求，广东海洋经济综合试验区将建设成为我国提升海洋经济国际竞争力的核心区、促进海洋科技创新和成果高效转化的集聚区、加强海洋生态文明建设的示范区和推进海洋综合管理的先行区。2011年，广东海洋生产总值9807亿元，占全国海洋生产总值的21.5%，占广东地区生产总值的18.6%。2012年，广东省海洋经济生产总值突破万亿元大关，连续18年领跑全国海洋经济。

相比于以前论堆头、讲块头、重个头的发展方式，广东海洋经济未来的发展越来越倚重于科学技术水平的提升，正在"科技兴海"的大旗下再次起航。"十二五"时期，广东将紧紧围绕"建设国家海洋经济发展试点地区"这一重大战略任务，弘扬敢想、善谋、勇干、求实的精神，勇于承担在构建现代海洋产业体系、促进科技兴海、保护海洋生态环境、提升海洋综合管理能力、南海综合开发保护等重点领域先行先试、探路示范的重大使命。按照"大力推进海洋科技自主创新"的要求，广东省将深化海洋科技创新和成果转化体制改革，整合优势科技资源，加大海洋高新技术人才培养和引进力度，优化自主创新和产业发展环境，建设具有国际竞争力的海洋科技人才高地、海洋科技创新中心、海洋高技术成果高效转化基地和产业基地，为海洋经济实现跨越式发展提供有力支撑。

三、福建沿海渔民迈上科技兴海路

1.福州市连江县鲍鱼们的"幸福生活"

福州市连江县位于福建省东部沿海，是全国水产大县，素有"鱼米之乡"的美称。在这里，鲍鱼们过上了"吹空调"和"住别墅"的"幸福生活"。在福州最大的鲍鱼育苗基地连江万发水产养殖基地，鲍鱼们便住进了"空调房"，即使外面热浪滚滚，你也能在基地里面感受到阵阵清凉。在没安装空调以前，基地里的鲍鱼都要先在海区里育苗，然后用扁担一担一担的挑回来。而如今，该基地装了6台海水空调机，使得流入育苗池的海水常年都能保持在鲍鱼育苗的最佳温度22℃。靠空调机调节温度，这里鲍鱼上市时间提前了1个多月，抢占了市场先机，纯利润增加20%以上。同时，常年恒温还降低了鲍鱼的发病率，鲍鱼质量和产量都有显著改善。无独有偶，在连江定海铁沙海域，养殖户们为鲍鱼建造了一间间"别墅"，在这里你能够看到海面上漂浮着成片抗风浪塑胶渔排，塑胶通道路板的交叉点上摆放着一个个渔网罩着的网箱。这种"鲍鱼别墅"不仅柔韧性好，而且抗风浪能力强，鲍鱼在里面生长速度快，成活率高。

2.莆田市南日岛依靠科技创新打造特色品牌"南日鲍"

莆田市南日岛是福建第二大岛，位于兴化湾和平海湾的交汇处，海域面积宽广且水深潮畅。目前，南日海域成为我国鲍鱼主产区之一，2009年养殖产量达2亿粒，小小鲍鱼已被打造出年产值数十亿元的"南日鲍"产业，这主要得益于当地的科技兴海战略。为充分利用南日岛海域水质清新、岛礁众多的优势，莆田市在《建设海洋经济强市暨"十一五"海洋经济发展专项规划》中提出"建设南日海岛生态经济区、发展珍稀名优海产品"，并与中国科学院海洋研究所、中国海洋大学、厦门大学等单位合作，依靠科技创新解决鲍鱼养殖生产中遇到的实际问题。中国科学院海洋研究所的李钧研究员到莆田挂职担任科技副市长，为了解决养殖海域夏天水温过高、台风多发的问题，提出让鲍鱼"南北对调"的方案，即每年的5~10月份，让莆田海域的鲍鱼北上大连海域进行避暑、避台风，11月至次年的4月份，再让大连的鲍鱼回到莆田过冬。这种南北对调的养殖方法让鲍鱼成活率由原来的40%一下提高到了70%，生长周期也缩短了3~4个月。在南日浮叶村，原本以打鱼为生的东禹水产科技开发有限公司董事长杨建忠，依靠技术创新，从一个普通的渔民变成了一个科技致富能手，建成了岛上最大的鲍鱼育苗基地，被评为"福建省杰出青年农民"。秀屿区东庄镇"鲍鱼女"刘黎婴与科研单位合作发明了"皱纹盘鲍海区筏式吊养技术"，被授予"莆田市拔尖人才"。2009年，"南日鲍"成功注册中国地理标志保护，国家级"南日鲍"标准养殖示范区现已通过验收。

图8-1　渔工驾着小舢板穿梭在南日岛鲍鱼养殖场渔排方阵间

第四节　海洋教育，从青少年抓起

在新的形势下，对少年儿童进行海洋教育具有特别重大的战略意义。海洋教育理应是少年儿童爱国主义教育的重要内容，是学校对学生进行国土资源教育、环境保护教育和科学普及教育的重要载体，是素质教育不可缺少的课程内容。

一、青岛同安路小学，创海洋教育新理念

青岛因海而生、凭海而行，海洋赋予了这座城市独特的美丽。青岛的蓝色梦想依托于海洋教育的发展。青岛同安路小学坐落在美丽的浮山脚下，是山东省第一所少年海洋学校，具有开展海洋教育的良好条件。该校成立十年来，从海洋教育理念、海洋教育校本课程设计、海洋教育实践活动、海洋教育思考等不同角度出发，积极探究适合本校的海洋教育体系，曾荣获"全国海洋科普教育基地"称号。学校海洋科技教育成绩尤为突出，先后成为"青岛市蓝色海洋教育实验学校""中国海洋会国家海洋局第一海洋研究所实验学校"，被称为"科学家的摇篮"。学校开展的海洋科技特色活动曾获"全国青少年科技创新大赛一等奖"，被授予"全国十佳科技教育创新学校奖"。

1.营造浓厚的海洋教育氛围

为了在学生中普及海洋知识，学校走廊进行了以"海洋生物""海洋军事""海洋技术"和"海洋环保"等要素为主题的海洋知识宣传布置，让走廊成为海洋知识宣传的主阵地，让每一面墙壁说话，让学生在耳濡目染和潜移默化中接受熏陶。"海底世界"景点、海洋科学家画像、院士题词、海洋问题展牌，都让学生感受到海洋世界的博大与精深。

2.形成以"两馆一节、辅以实践"为基础的教学理念

"两馆"指海洋生物馆和海洋体验操作馆；"一节"指"海洋文化节"。在"海洋文化节"中举办的"摄影欣赏展""讲故事"等各种活动，不但贴近学生生活，而且还充满趣味性，在普及海洋知识的同时，给学生提供了一个展示自我、发展自我、提高自我的机会。"辅以实践"是指青岛同安路小学联合中国海洋大学、中国科学院海洋研究所等教育单位，共同举办的实践

活动。比如，由中国海洋大学的学生带领同学们开展的社会实践活动；定期组织学生参观中国科学院海洋研究所有孔虫实验室、中国海洋大学标本制作室等科普教育基地；与海洋学科群七个省级学会建立研究学会，组织了"你了解声呐吗""浒苔的形成""海啸的形成"等深受学生喜爱的主题研究活动。这些实践活动，能解决同学们只从单一途径获得知识的问题，而且实践活动会给同学们提供对海洋文化、海洋生物更为直观的认识。

图8-2　青岛同安路小学海洋生物馆

二、青岛第二十三中学，奏蓝色畅想曲

青岛第二十三中学作为青岛市教育局确定的首批以蓝色海洋教育为实验课题的实验学校，开展了一系列的蓝色海洋教育特色活动。

1.多方位营造海洋特色校园文化

为了进一步打造海洋特色，建立了"一长廊、一品牌、一景观"，设计了"世界海洋资源""国家海洋资源"和"家乡海洋资源"三条海洋科普长廊，确定学校海洋特色品牌"我与海洋有个约会"，让同学们"到海洋中学习科普知识，到海洋中探究奥秘，到海洋中扬帆起航"。在校园网站上开辟了"蓝色海洋教育"专栏，让学生通过先进的平台获取海洋知识。以"蓝色海洋风"体现班级文化建设，开辟了"海底畅游""海洋科普""海洋之魂"等班级海洋板报专栏，制作以"海洋政治经济""海洋生命""海洋地质""海洋发展""海底奥秘""海洋旅游文化""海洋体育"等为主体的海洋科普类展板，选派学生作为小小讲解员，通过亲自参与海洋知识的讲解增进学生对海洋的了解和热爱。

2.蓝色海洋校本课程体系化

将海洋文化教育教学渗透到学科教学中，将政治、语文、地理、生物、物理确定为海洋特色学科，由各学科教研组选派优秀的教师讲授海洋特色课，如政治课《美丽的大自然》、地理课《地壳变化》，使海洋知识普及渗透到课堂之中。确定《蓝色家园》作为学校校本课程的读本，利用每周二的时间开设校本课程课，将每月最后一个周的周四作为海洋科普知识普及日，开展每月一讲。开设专家课堂和父母课堂，聘请中国海洋大学教授、中国科学院海洋研究所研究员作为学校的客座教授，定期对学生进行海洋文化教育；邀请有这方面专长的家长走进课堂、开设讲座，使学生深入了解海洋知识。

3."蓝色海洋旅游节"和"蓝色大使"活动实践化

每年5月中旬开展"蓝色海洋旅游节"，各班级分别搜集青岛关于海洋方面的特色，并以某一特色如青岛海底奥秘等作为宣传主题，确定宣传板块，宣传青岛、宣传自我、提高素养。由学生担任"蓝色大使"，利用节假日和寒暑假积极开展海洋环境保护、海洋基地参观、海洋动物关怀、海洋知识宣讲等活动，培养学生保护海洋的责任心和使命感。成立海风文学社，寄寓莘莘学子"驾文学之舟乘风破浪远航"之意，由青年教师担任海风文学社的指导教师，由学生担任美术编辑、版面设计、栏目编辑等工作。

三、青岛第三十九中学，育海洋未来新人

青岛第三十九中学也是青岛市教育局确定的首批以蓝色海洋教育为实验课题的实验学校之一。借助青岛海洋科研教育的优势，抓住国家蓝色经济战略和青岛蓝色硅谷建设之机，青岛第三十九中学在全市率先开展了海洋教育实验。先后制订了《海洋教育创新人才培养工程实施方案》以及与之相配的《课程方案》《三年发展规划》和《海洋科学考察方案》，确立了蓝色海洋教育的育才方向。

1.海洋教育深入师生心底

青岛第三十九中学海洋教育教师队伍由四部分构成，一是先后招聘了海洋生物和海洋地质领域的两位博士作为学校海洋教育的专职教师；二是聘请中国海洋大学、中国科学院黄海水产研究所、青岛海洋地质研究所、海洋科技馆、

国家海洋局北海分局、中国科学院海洋研究所等在青高校和科研机构的海洋科研专家、大学教授组成学校海洋专家讲师团队；三是组织中国海洋大学研究生、博士生志愿者服务团，定期指导课程学习、任务实验、研究型学习、课题研究等；四是对本校部分学科的教师进行培训，作为兼职教师，这样就形成了一支专兼职结合的海洋教育教师队伍。

学校通过各种方式对全体师生进行海洋意识宣传教育，使全体师生都能够积极、主动、自发地参与学校海洋教育，为学校海洋教育的发展和成功提供最根本的保障。2007年，武剑英老师和周明峰同学参加了加拿大政府主办的北极科学考察活动，科考回来后武老师举办了一次题为"提高全面的海洋意识"的讲座，讲述了自己作为唯一的中国师生代表参与此次科考活动的亲身体会，在全校师生和家长中引起很大反响。2011年，学校被国家海洋局评为全国首个"海洋意识宣传教育基地"，校长白刚勋被评选为2011年度全国"十大海洋人物"。

2. 海洋特色课程体系颇具规模

每周一节海洋课程，每月一次海洋实践活动，每学期一项海洋课题研究，每年一次海上科考活动，让青岛市第三十九中学的同学们领略到了海洋研究型学习的无穷魅力。海洋物理、海洋化学、海洋生物、海洋地质、海洋工程、海洋文化六门"海"字号拓展型课程由特聘专家和本校教师授课。更为难得的是，与国家海洋局北海分局联合举办的海上科考实践活动、与"蛟龙号"勇士面对面、参加"大洋一号"环球科考凯旋欢迎仪式等实践活动中能看到三十九中学生的身影。目前，学校已初步形成了基础型课程、拓展型课程、实践型课程"三位一体"的海洋特色课程体系。

学校邀请中国海洋大学、国家海洋局第一研究所、中国科学院黄海水产研究所和青岛海洋地质研究所等在青高校（科研单位）的专家教授组成课题评审委员会，对学生的每一个研究课题进行开题论证、实验指导、结题指导，接近70%的课题小组获得了课题研究经费。虽然这些课题研究经费仅有300~800元不等，但课题研究对学生的激励已远远超越实验本身。"耗时长、方案复杂、实验工作量较大，但是却让我们真正在思维能力和动手能力上都有所提高，深刻感受到实验的乐趣和科学的魅力"，高二学生关百初在完成《微生物清除海洋石油污染的实验研究》课题后发出这样的感慨。

3. 培育海洋教育创新人才

青岛第三十九中学是中国海洋大学附属中学，在其积极推动下，青岛市教育局与中国海洋大学签署了《中国海洋大学与青岛市教育局海洋教育创新人才

图8-3　青岛第三十九中学海洋班学生每年一次海上科考活动

联合培养协议》。三十九中还与中国科学院黄海水产研究所、青岛海洋地质研究所、青岛水族馆等驻青海洋科研机构签订了《海洋教育联合育人协议》，建立了海洋教育实践基地，为具有海洋兴趣和爱好的学生提供了独特的学习、研究和发展机会。

　　2011年7月，我国首个"海洋教育创新人才培养班"在青岛第三十九中学顺利招生。学校聘请各研究领域专家与学生进行对话，为每个海洋班的学生做特长和潜能分析，帮助每个孩子进行人生规划的个性化设计，更加充分地挖掘学生潜力，从而真正实现学生"全面而有个性的发展"。针对海洋教育班，中国海洋大学单独设立自主招生政策，让实践和动手能力强的学生大有作为。

第五节　加强海洋保护宣传，领略深海大洋之美

　　蓝天、碧海、红瓦、绿树、白帆的自然环境，金瓦朱壁、盔顶飞檐的建筑，看花辨时、闻香识路、峰回路转、曲径通幽的小路，是一幅美轮美奂的"魅力海滨"图画。然而，污水流入海中，海水的美丽荡然无存；废弃物乱置于沙滩之上，将损毁它的容颜。对于沉睡的海底，我们不要随手玩弄，搅碎属于它的平静……只有每个人都细心呵护我们共同的蓝色家园，传播蓝色海洋、绿色未来的环保概念，从点点滴滴做起，伸出手、弯弯腰，捡回一个希望，人人争做海洋的"守护者"，才能保持大海的美丽。

一、发人深省的海洋公益广告

世界上很多国家的海洋保护组织用公益广告图文并茂地诉说人类对海洋的破坏，唤醒人们对海洋生态保护之心。

冲浪者基金会（Surfrider Foundation）保护海洋创意广告。浩瀚的海洋、蔚蓝的海水、洁白的沙滩、良好的生态，令人心醉。然而，工厂废弃物、塑料瓶、快餐盒、渔网等海洋垃圾不时漂浮于海面，不仅污染了美丽的海洋环境，而且数以百万的海洋生物可能因我们丢弃的垃圾而死亡。

瑟夫赖德基金会（Surfrider Foundation）保护海洋公益广告。海洋垃圾的生命力有多可怕，瑟夫赖德基金会再次给我们提了个醒。

图8-4　除了这些垃圾，大海里什么都没有

图8-5　当我们污染海洋的时候，我们真的污染了它很久很久

海洋守护者协会（Sea Shepherd Conservation Society）保护海洋生物公益广告——屠杀风暴。每天大量的海洋生物被捕杀的速度，可能远大于我们拯救的速度。平面广告中，鲨鱼如同风暴一样从高空中坠落，然而，地上那小小的救生垫能接住几只？这不是游戏，而是海洋保护者协会严正的控诉与深深的无奈。

图8-6　每天超过4万只鲨鱼被杀害，我们力所不及

二、蓝色家园的保卫者

很多非盈利组织、个人在为海洋生态保护不懈努力着，这些蓝色世界的保卫者在海洋生态保护中的贡献不容忽视。

1.法国著名海洋探险家——雅克·库斯托

雅克·库斯托是法国最著名的海洋探险家之一，这位传奇式人物的一生都与蔚蓝色的大海联系在一起。在半个多世纪的海上生涯中，他先后推动了海洋探险、海洋电影、海洋保护等多项事业的发展。

库斯托把大海和海洋生物看作"人类的朋友"，他通过航行游遍了世界许多地方，让数以百万的人认识了地球上的海洋及栖息于海洋中的生物。早在1960年，他就向戴高乐总统进言，反对法国政府计划将放射性废料倾倒至地中海的行动。1985年，他进行了一次"重新发现世界"的远航。正是通过这次航行，库斯托发现海洋污染严重，而破坏海洋环境的正是人类本身。于是已经75岁高龄的库斯托投入了另一场战斗：保卫海洋。库斯托利用他所享有的声誉，利用他同许多国家领导人甚至国家元首的良好关系，在世界各地奔波。他同几位科学家联合起草了"为了后代人的宣言"，并征集到500万人的签名，送到联合国总部，要求将宣言的主要内容写进联合国宪章。他向联合国教科文组织建议，成立一支保卫环境的"绿盔部队"。虽然这些建议和设想均未能实现，但库斯托让全世界听到了他充满忧患的呼吁，让世人感到了保护环境的紧迫性。库斯托始终高居"最受欢迎的法国人物榜"的榜首，是一个享有世界性声誉的法国人。

2.现实版"美人鱼"——Linden Wolbert

善良美丽、如梦似幻的美人鱼不仅存在于童话世界里，来自美国洛杉矶的女子Linden Wolbert就是一条

现实版的"美人鱼"。她拖着一条重约15.8公斤的人造尾巴游走在世界各地进行水下"美人鱼"表演，整日与鲸鱼、水母甚至是鲨鱼为伍，以此来向人们展示海洋的美丽与深邃。专业的水下拍摄团队为Linden Wolbert留下了许多珍贵的视频和照片，她希望这些视频和照片能够起到宣传海洋保护的目的。

图8-7　现实版"美人鱼"Linden Wolbert

3.海洋守护者协会（Sea Shepherd Conservation Society）

海洋守护者协会是一个专门保护鲸鱼、鲨鱼、海狮、海豹等海洋动物的非营利性组织。海洋守护者协会由"绿色和平"的早期成员保罗·沃森（Paul Watso）于1977年建立，协会掌握着"尼普顿的舰队"（Neptune's Navy），包括考察船"法利·莫沃特"（RV Farley Mowat）、内燃机船"史蒂夫·欧文号"（MV Steve Irwin）、考察船"海牛号"（RV Sirenian）等船艇，参与包括毁坏和用其他方式物理妨碍捕鲸船作业在内的"直接行动"，例如制止在南冰洋鲸鱼保护区（Southern Ocean Whale Sanctuary）的海域所进行的捕鲸作业，在科隆群岛巡逻，以及针对加拿大海豹捕猎者的行动。

图8-8　海洋守护者协会标志

海洋守护者与日本捕鲸者的斗争

海洋守护者宣称他们会做一切他们所认为有必要的事情来阻止日本的捕鲸作业，即使代价是失去他们的船只。他们把"将捕鲸船驱逐出捕鲸场并阻碍捕鲸作业长达15天以上"视为一种荣耀。

2005年12月至2006年1月间，考察船"法利·莫沃特"在南冰洋上猛烈撞击了一艘名为"东方蓝鸟"的日本捕鲸补给船。

2007年2月，"罗伯特·亨特"和"法利·莫沃特"参与利维坦行动（Operation Leviathan），包围了日本捕鲸船"海光丸号"，结果"罗伯特·亨特"和"海光丸号"相撞，造成"罗伯特·亨特"船尾水线上方出现了3英尺长的裂缝。

2008年1月15日，两位海洋守护者的成员班哲明·波特（Benjamin Potts）和基尔斯·拉内（Giles Lane）首先尝试缠住日本捕鲸船"第2勇新丸"的螺旋桨并往甲板上扔了装有丁酸的容器，随后从海洋守护者的船只"史蒂夫·欧文号"登上了"第2勇新丸"。"第2勇新丸"的船员在将他们扣押了两天后才移交给澳大利亚海关的内燃机船"海洋维京号"（MV Oceanic Viking），后来"史蒂夫·欧文号"与"海洋维京号"会合，两名船员被归还给海洋守护者协会。

2010年3月12日，反捕鲸船"阿迪·吉尔号"（遭"第2昭南丸号"撞毁沉没）新西兰籍船长皮特·贝休恩趁夜色在南极海域强行登上日本捕鲸船"第2昭南丸号"，被日本海上保安厅第3管区海上保安本部逮捕，最后遭日本政府递解出境。皮特·贝休恩在澳大利亚和新西兰被视为国家英雄。

2011年2月9日，日本捕鲸船队旗舰捕鲸母船"日新丸号"与海洋守护者协会旗下的澳大利亚"恐龙号"发生冲突。"日新丸号"甲板遭燃烧弹破坏，日本政府向澳大利亚政府提出了被害申诉的外交手段。然而，之后日本捕鲸活动仍受到海洋守护者协会船只的阻挠抗议，日本政府最终决定撤回捕鲸船。

2011年2月18日，日本农林水产大臣鹿野道彦召开记者会，正式宣布由于长期受到海洋守护者协会人员的抗议及阻挠，为了不让日本捕鲸船队成员的生命遭到威胁，日本政府做出停止在南极捕鲸的决定。

4.蓝丝带海洋保护协会（Blue Ribbon Ocean Conservation Society）

2007年6月1日，蓝丝带海洋保护协会在三亚成立，是我国影响力最大的海洋环保民间公益社会团体。目前协会已有会员单位61个，在海南、广东、上海多所大学建立了"蓝丝带志愿者服务社"，有超过万人的志愿者队伍。以"团结一切可以团结的力量保护海洋"为使命，协会已组织开展各类海洋保护宣传活动300多次，向超过1000万公众进行海洋保护的宣传，有近百万次的志愿者参加蓝丝带海洋保护活动，如2008年蓝丝带海洋环保海南行、2009—2010年三亚海岸线徒步环保调查，以及扬名全国的"2010长江校友·蓝丝带海洋环保中国行"。这一原在三亚起舞的"蓝丝带"如今已飘扬在整个神州大地。

图8-9　蓝丝带海洋保护协会标志

————— 延伸阅读 —————

保护海洋，蓝丝带志愿服务在行动

那片蓝，是大海的底色。海风轻拂，海浪阵阵，一抹抹蔚蓝的身影在沙滩上熠熠生辉。这样的一抹蓝，将对海洋的深深责任化为行动；这样的一抹蓝，将海洋生态保护知识以生动形象的方式引向世界；这样的一抹蓝，将一纸倡议书化作真诚的付出、无悔的奉献；这样的一抹蓝，以其独特的方式和永恒的热情感染着这片沙滩，拥抱着这片蓝色家园……飘扬的蓝丝带，跳动的环保心。

微观海滩，呵护蔚蓝。2012年9月15日，蓝丝带海洋保护青岛科技大学志愿者服务社在青岛第一海水浴场举行了"微观海滩，呵护蔚蓝"全民净滩活动。他们热心地为市民讲解垃圾对海洋环境的危害、垃圾的处理方法等，很多市民在志愿者们的讲解下都认识到了随手丢垃圾对海洋环境造成的危害，年过古稀的老爷爷和可爱天真的孩童都积极加入到捡拾垃圾的队伍中，与志愿者们一起踏上海滩，俯身捡烟头、塑料泡沫、食物残渣、

图8-10　蓝丝带志愿者用自己的双手清理海滩垃圾

小动物尸体等，并用不同的袋子把垃圾分类装好。志愿者与市民共拾起了重达150多公斤的垃圾。通过这样的活动，不仅让更多的人认识到了海边垃圾对海洋环境及生物造成的危害，还能将保护海洋的环保理念切实传达给市民，让更多的人身体力行地为保护海洋贡献自己的力量。

图8-11　蓝丝带志愿者和游客们在10米画布上画画或签名

畅想美丽的珊瑚海。2012年11月4日，蓝丝带海洋保护协会组织三亚学院志愿者服务社的志愿者们，在亚龙湾海底世界景区进行了"珊瑚海的畅想"主题活动。在"以我手绘我心"喷绘比赛环节，游客们用手中的画笔描绘了自己的心语。在展开的10米画布上，众多游客围观并参与，或画画或签名，俨然海边最亮丽的一道风景线。不仅志愿者们耐心地与游客交流，游客们也积极与志愿者互动，使与珊瑚礁相关的环保知识得以广为宣传，同时也潜移默化地影响着更多的人加入蓝丝带，与他们一起用一双双有力的手和一颗颗有爱的心为一条条蓝丝带增添亮色。

第六节 加强国际交流合作，他山之石可攻玉

当前，海洋生态问题已成为国际社会关注的焦点之一。在保护海洋资源和环境的技术经验方面，我们可能不如西方国家，但这并不意味着我们可以轻视海洋生态保护。为了合理保护海洋生态，应加强国家、政府部门和非政府组织之间的国际合作。目前，我国与美国的海洋自然保护区已经建立了姐妹保护区关系，如广西山口红树林自然保护区和佛罗里达州鲁克利湾国家河口研究保护区、海南三亚珊瑚礁自然保护区和佛罗里达州群岛国家海洋保护区、天津湿地与古海岸自然保护区和切萨皮克湾河口研究自然保护区。在我国的积极争取下，联合国开发计划署（UNDP）启动了黄海大海洋生态系保护行动。"中国南部沿海生物多样性管理项目"则是由全球环境基金（GEF）资助、联合国开发计划署（UNDP）执行、我国国家海洋局和沿海地区具体实施的一项国际合作项目。他山之石可攻玉，相信这些国际交流与合作会在一定程度上促进我国海洋生态保护。

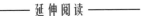

—————— 延伸阅读 ——————

国外值得借鉴的海洋生态保护模式

意大利索伦托市强化公民海洋保护教育。 20世纪50—70年代，石油化工等重工业在意大利迅速发展，很多工厂将废弃物直接排放到海洋中，如何处理经济发展与环境保护之间的矛盾成为意大利所面临的重大问题。意大利索伦托市是世界上最为古老的旅游胜地之一，虽然索伦托市没有重工业活动，但与很多沿海城市一样也受到了环境问题的影响，海水的污染使索伦托市的海滨不再适合游泳。索伦托市政府设立了海洋保护区，保护海域内的植物群、动物群及地质状况，管控船只的准入、航行及停泊，规范渔业活动，鼓励科学研究的发展。市长斯丁格认为海洋保护区建设虽然十分重要，但这还不足以提供一个友好、健康的环境。他提出有必要加强公民海洋保护教育，尤其是对青少年的教育。为此，2011年，索伦托与邻近沿海城市一起签署了一道法令，规定了保护海洋及国土资源的行为标准。

加拿大国家公园管理体系完善。加拿大是世界上较早建立国家公园的国家之一，现已形成较为完善的国家公园管理体系。1885年，加拿大设立第一个国家公园——班夫（Banff）国家公园。1911年，世界上第一个国家级公园管理专门机构——加拿大国家公园局（Parks Canada）成立，负责加拿大所有国家公园的统一管理工作。1930年，加拿大政府颁布《国家公园法》，为国家公园管理提供法律依据。从20世纪70年代开始，加拿大不列颠哥伦比亚省西部太平洋沿岸地区先后建立了三处滨海型国家公园保留地。各公园根据自身具体情况制定相应的公园管理条例，注重保持生态原真性、自然性，不仅对海洋环境保护、海洋食品安全、野生动物安全、商业管理、游客行为、土地使用制定严格的规定，还重视对游客进行环保教育，开展冬夏令营、青年志愿者等活动。加拿大完善的国家公园管理体系为我国滨海旅游业的发展提供了借鉴和参考。

牙买加蒙特哥贝市注重示范效果。艰难困苦，玉汝于成。作为发展中国家，牙买加在海洋生态保护方面面临着更多的挑战。牙买加加勒比海地区主要旅游胜地之一蒙特哥贝市在发展过程中遇到了无序发展、私搭乱建、自然资源滥用等问题。为此，蒙特哥贝市重点培育取得全球绿色环保认证的酒店，在平日运营过程中注重床单的再利用，减少浪费，提高能源使用效率。主张通过新闻发布会、图片、视频、社区会议、广告等方式加强公共教育宣传，激发人们的环保意识。

参考文献

[1] 李冰：《中国古代赤潮记录的发现与辨析》，2010。

[2] 兰竹虹等：《南中国海地区珊瑚礁资源的破坏现状及保护对策》，2006。

[3] 梅宏：《大堡礁海洋公园与澳大利亚海洋保护区建设》，2012。

[4] 郝林华等：《外来海洋生物的入侵现状及其生态危害》，2005。

[5] 刘芳明等：《中国外来海洋生物入侵的现状、危害及其防治对策》，2007。

[6] 苏昕等：《我国海洋生态系统的恢复重建与渔业资源可持续利用》，2006。

[7] 刘雅丹：《澳大利亚休闲渔业概况及其发展策略研究》，2006。

[8] 柴寿升等：《美、日休闲渔业的发展模式对我国休闲渔业发展的启示》，2007。

[9] 宇文青：《海水养殖对海洋环境影响的探讨》，2008。

[10] 董双林：《海水养殖对沿岸生态环境影响的研究进展》，2004。

[11] 崔力拓等：《海水养殖自身污染的现状与对策》，2006。

[12] 钟思胜等：《海产品安全性及对策探讨》，2005。

［13］金建君等：《海岸带资源的价值研究》，2002。

［14］陈尚等：《我国海洋生态系统服务功能及其价值评估研究
计划》，2006。

［15］李志勇等：《广东近海海洋生态系统服务功能价值评
估》，2011。